一页纸
唤醒学习力

◎ 王健文 著

电子工业出版社
Publishing House of Electronics Industry
北京·BEIJING

内容简介

本书以大脑的可视化学习特点和思维模型为基础，以思维导图作为工具，让学习者借助笔记和思维导图，以一页纸、一支笔，有效唤醒与生俱来的学习力。

作者通过解析大脑的思维模式，让读者充分使用可视化工具，掌握笔记技术、学习思维导图技术，学会构建系统思维和思维模型，从而提升记忆能力，挖掘创新能力，最终实现激发学习者的大脑潜能、唤醒学习力的目的，让学习者有效提升学习效率，爱上学习。

本书适合每一个希望有效提升学习效率、提升学习能力的读者阅读，尤其适合高中生、大学生、中小学教师及家长参考。

未经许可，不得以任何方式复制或抄袭本书之部分或全部内容。
版权所有，侵权必究。

图书在版编目（CIP）数据

一页纸唤醒学习力 / 王健文著. —— 北京：电子工业出版社，2022.1
ISBN 978-7-121-42668-1

Ⅰ.①一… Ⅱ.①王… Ⅲ.①思维方法－通俗读物 Ⅳ.① B804-49

中国版本图书馆 CIP 数据核字（2022）第 009726 号

责任编辑：张瑞喜
印　　刷：中国电影出版社印刷厂
装　　订：中国电影出版社印刷厂
出版发行：电子工业出版社
　　　　　北京市海淀区万寿路 173 信箱　邮编：100036
开　　本：880×1230　1/32　印张：7　字数：201 千字
版　　次：2022 年 1 月第 1 版
印　　次：2022 年 1 月第 1 次印刷
定　　价：49.00 元

凡所购买电子工业出版社图书有缺损问题，请向购买书店调换。若书店售缺，请与本社发行部联系，联系及邮购电话：（010）88254888，88258888。

质量投诉请发邮件至 zlts@phei.com.cn，盗版侵权举报请发邮件至 dbqq@phei.com.cn。

本书咨询联系方式：zhangruixi@phei.com.cn。

学习力是与生俱来的

你不需要开发右脑

也不需要去创造它

你只需要

唤醒它，呵护它，发展它

——王健文

一个人一天能够记忆 1000 个单词,他就具有超强的学习力吗?

为了学习更多知识,你的手机被各种学习 App 占满了,你报名参加了很多课,也看了不少书,你花了很多时间学习,但是为什么内心还是空空的,感觉学了很多,又感觉没有一样是掌握好的?

对知识的焦虑,对学习的渴望,是这个时代最流行的话题。

我从 2009 年开始做学习方法的教学,有很多父母希望我帮助他们的孩子提升记忆力。许多人认为记忆力就是学习力,记忆力好了,学习就会好。道理也很好理解:考试不是都有答案吗?答案不都是来源于书本吗?把书本内容都记下来,不就等于学习好了吗?

这样的学习逻辑好像没问题。但是,却忽略了一个事实:书本知识是无限的,大脑资源是有限的,我们不可能孤立地记下所有的知识。

事实上,那些真正学习好的人不是仅仅靠记忆知识来学习的。他们更善于归纳总结知识,找到知识与知识之间的联系。学习是为了释放大脑的资源而不是使劲往大脑里存放"知识",学习是为了用有限的知识解决无限而又复杂的问题。世界上有几十万种植物,很少有人能够记下每一种植物的特性。认为"记忆好等于学习好"的人,会一味地想办法记住每一种植物的特性。而真正具有学习力的人,他们的注意力会放在找规律上,通过发现共性记住大部分植物。这种观念的差异,最终体现为学习力的差异。

我在多年的教学过程中遇到过很多人，他们在学习的路上付出巨大的投入但成效甚微，在他们眼里学习慢慢变成一件痛苦、不得不做的事情。因此，我整理了此套提升学习力的方法，希望给大家传递可迁移、可落地、全新的学习观念，帮助大家提升学习力，把学习变成快乐的事情。

本书给大家讲述一套操作性强、泛化性强的学习力提升方法：四维学习力。笔者认为，学习力是一种综合能力，它包含了理解力、思考力、记忆力、创新力。这四种能力相互影响，相互促进，少了哪一种，你都无法具备真正强大的学习力。四维学习力希望帮助大家把理解力、思考力、记忆力、创新力有机连接在一起，形成统一、全面、高效的学习能力提升方法。

我认为，学习力是与生俱来的，你不需要开发右脑，也不需要去创造它，你只需要唤醒它，呵护它，发展它。你要相信，自己能记住那些感兴趣的复杂的信息，那就同样也能记住那些不感兴趣的枯燥的内容。本书讲解的学习力工具（如笔记技术、思维导图技术、高效记忆公式、检核表创新法等），一上手就能用。使用这些简单、有效、低成本的训练工具，你可以学会用一页纸、一支笔，唤醒你的学习力。

王健文

2021 年 10 月

感 谢

在学习能力的教学方面探索十年,从起笔到完稿历经两年,才把这本《一页纸唤醒学习力》送到你面前。

在创作过程中,得到很多人的帮助,在此由衷地表达感谢!

感谢以下朋友授权本书使用他们的作品(思维导图、摄影或肖像作品):寻少卿、王莉苹、高甜甜、钟婉珊、陈国权、刘涓、李金集、李莹、梁丽梅、王茜。

感谢好友陈宝玲、何彦燕、梁可妮、南方、苏萍、赵雪华,对图书的撰写提出宝贵意见,并给予推广支持。

感谢健文导图工作室的钟婉珊、刘涓等同事在审稿方面的支持和帮助。

感谢张瑞喜编辑对书稿主题和内容提出了宝贵的指导意见。

最后,特别感谢我的太太钟婉珊,在工作和生活上给我的无限理解和支持!

第一节 开启思维可视化的新视角 2 第二节 笔记的构建过程 9 第三节 视觉符号的解读 17	**第一章** 打通学习力改变的通道： 笔记技术
第一节 系统的本质 59 第二节 系统模型的构建与简化 62 第三节 系统思维 69	**第三章** 系统思维与系统模型构建
第一节 学习方法与认知模型 105 第二节 认知模型分析法 115 第三节 多角度思考法 124	**第五章** 贴近本质的深度思考力
第一节 "死记硬背"有奇效 154 第二节 故事编写法进阶 160 第三节 高效记忆公式综合应用 166 第四节 知识矩阵 175	**第七章** 高效记忆公式之死记硬背
214	结束语

目录

第二章 笔记技术的四个"核武器"
- 第一节 颜色的意义 22
- 第二节 文字和图像的意义 31
- 第三节 曲线的用法 47
- 第四节 笔记中视觉符号的综合应用 54

第四章 思维导图技术
- 第一节 思维导图工具 73
- 第二节 思维导图逻辑原则 82
- 第三节 思维导图学习法 92

第六章 高效记忆公式之激活与生俱来的记忆能力
- 第一节 与生俱来的记忆能力 135
- 第二节 高效记忆公式 141
- 第三节 代入理解法 148

第八章 从本质中挖掘出的创新力
- 第一节 用发散思维发掘创意 184
- 第二节 检核表创新法 193

第一章

打通学习力改变的通道：笔记技术

还记得学习游泳的过程吗？我们按照教练的示范，一个个动作地去模仿，然后又在教练指导下调整错误的姿势，最后掌握了游泳这一项技能。但是学习能力提升和学会某项技能是不完全一样的。

学习能力是人的思维活动的综合体现，它虚无缥缈，看不见摸不着，藏在每个人脑海里面，很难示范，更别说模仿了。

很多人花了很多时间学习，学习能力却未见提升。这其中一个原因就是思维的抽象性让我们在学习能力的提升上变得困难。

思维过程很抽象复杂，是不能被我们直接感知的。学习能力提升难，也就难在这里。不过聪明的人类早已经想到办法了：用笔记作为思维的抓手，让抽象的思维变得直观了，学习力的提升就找到突破口了。我们可以通过笔记这一思考的载体，了解自己的思维过程并纠正不良的思考习惯，从而达到提升学习能力的目的。

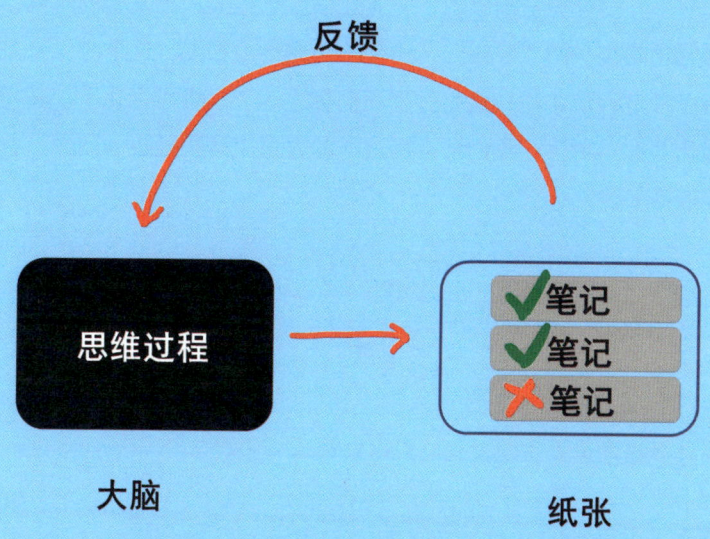

本章我们将通过对笔记构建和解读的学习，理解笔记，深入了解笔记技术，为"唤醒学习力"做好准备。

一页纸唤醒学习力

第一节 开启思维可视化的新视角

大脑思考的过程是抽象的,尤其在信息量很大、很复杂的时候,我们常常会感觉脑袋一团"浆糊",还会感到记忆力很差。这个时候就需要把抽象的思考过程形象化,这个过程我们称之为"思维可视化"。其实"思维可视化"并不陌生,我们常常用这样的方式来解决抽象的问题。看看下面这两道算术题:

$$76 \times 23 =$$
$$81 + 21 =$$

要计算这两道算术题,我们可以列竖式:

$$\begin{array}{r} 76 \\ \times 23 \\ \hline 228 \\ 152 \\ \hline 1748 \end{array} \qquad \begin{array}{r} 81 \\ +21 \\ \hline 102 \end{array}$$

显然,使用竖式来辅助更容易得出正确答案。这里的竖式就是可视化工具,能直观地呈现出计算的思考过程。通过可视化工具(竖式),我们很容易发现运算过程出现的错误,也更加容易把运算思路传播给他人。

日常生活中,任何一个思考的结论都可以通过笔记的方式在纸面上表达、呈现。本书提到的笔记不仅是平时"记笔记"的笔记，更是强调思维方式的体现过程——思维可视化，论述的是一切可以看得见、用于描述思想的图文笔记及其底层规律。

笔记可以帮助我们把隐性思维变为显性，当我们能看清楚自己想什么，思路自然变得清晰。正确地用笔记，可以帮助我们直观地发现思考过程出现的问题，也能帮助我们更好地传播思想。这样一来，学习他人的好的方法，改掉自己不好的思维习惯也变得更好操作了。这就是本书所说的，用一张纸、一支笔就可以改变学习能力的基本原理。

笔记的基本要素：符号

哲学家恩斯特·卡西尔（1874—1945）在《人论》中说：人是符号的动物。

人的思考过程非常复杂抽象，我们无法直接看到对方的想法是什么，甚至有时候连自己的一些想法都很难觉察到。如果我们需要交流思想，就必须构建符号，把抽象的思想具体化，以传播我们的想法。

这里的符号不是我们平时所理解的数学符号，而是一个更广泛的定义：可以承载意义且能被人所感知的一切信息载体。文字、图像、语言，甚至一个动作、一个表情，只要可以被我们感知且能传递出意义，都可以称为符号。所有的知识、思想、认知都是以符号的方式呈现的。

符号必须能被我们的感受器所感知，如果感知不到，符号也就无法被解读。我们的感受器产生的五种知觉：视觉、听觉、味觉、触觉、嗅觉（简称"五感"），是符号感知的入口，是人与人交流的最根本的前提。

在笔记中，图像是最早使用的符号，公元前3400年左右，苏美尔人发明的楔形文字就是简化的图像，它是最早的书写系统雏形（如下图）。

们已经不满足只用图像表达意义了,所以慢慢建立了科学的文字系统,搭建了庞大、丰富的符号体系:字、词、句、语法……到现在,文字成为非常重要的符号,我们可以用文字进行思想交流,就好像我现在用文字写这本书把我的观点和大家分享一样。

符号的形式还可以有很多,例如声音、视力障碍人士的盲文(触感)等。人们充分利用人类共有的感知方式,创造一系列的符号,用于思想交流。有了交流,才能产生更多的共鸣,知识才得以更好地产生、传播和迭代,世界也越来越美好。

本书所说的符号主要是在纸面上可以呈现出来的视觉符号,对其他符号没做过多讨论。说话的内容可以与写在纸面上的文字一一对应起来。视觉符号是笔记最小的意义表达单元,本书书名为《一页纸唤醒学习力》,指从一张纸上的视觉符号研究启迪思维、提升记忆的学习方法。

构建不同形式的视觉符号

来看一个案例:我现在脑海里面有一头牛(意义),我想表达出来。我找到了一张最贴合我想法的照片,这张牛的照片就是一个表达我想法的视觉符号。

第一章 打通学习力改变的通道：笔记技术

除了这种形式，我们还可以用更简单的图片来表达，如简笔画。

最后我们还可以用文字形式来表达。

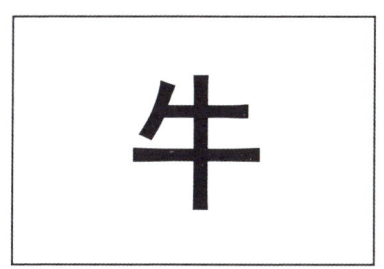

不管是照片、简笔画还是文字，都表达着某种意义。对于我们（符号构建者）来说，目的只有一个，就是每构建一个符号，就要让它尽可能精准地表达我们的想法。

这就是视觉符号的构建，相同的意义可以由不同的符号形成。我们做的笔记是由各种视觉符号组合而成。符号构建者用视觉符号构建笔记，用于表达自己的思想。

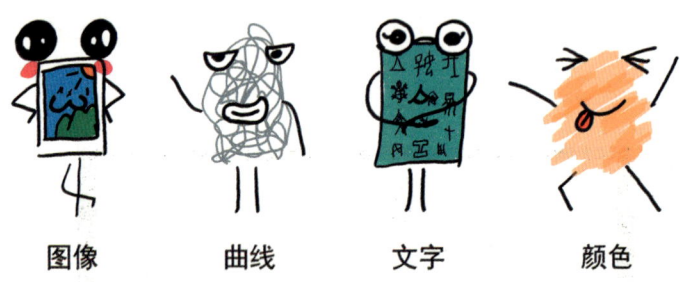

图像　　　曲线　　　文字　　　颜色

本书把视觉符号分为图像、曲线、文字、颜色，它们是组成笔记的基本要素。我们平时看到的"思维导图""视觉笔记""树形图""八大图示法""创新导图""信息图"等笔记形式，无一不是由这四种视觉符号构建而成的。弄清楚这四个基本要素的基本功能和用法，可以帮助我们更好地表达想法，更好地思考和记忆，也可以帮助我们更好地阅读不同形式的笔记。

视觉符号的表面意义

对于同一个视觉符号，我们对其的理解是不唯一的。例如对下图，如果你解读它为红色，这个视觉符号表达的意义便是"颜色"；如果你解读它为鸡蛋，那么这个视觉符号表达的意义便是"物品"；如果你解读为一条封闭曲线，那么这个视觉符号表达的意义便是"图形"。

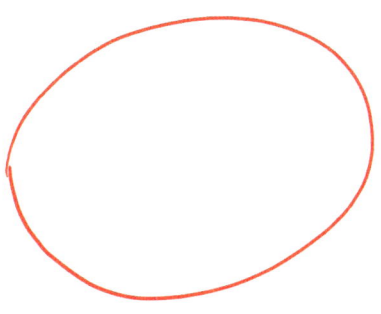

下面的文字也是如此,你可以解读为"文字",也可以解读为"红色"。

同一个视觉符号可以解读出多个意义,但在某一情境下,同一个视觉符号常常有相同的解读意义,这个意义我们叫作视觉符号的表面意义,这是人们在社会合作过程中产生的共识:在特定情景中解读出符号的特定意义。符号的有效沟通,全赖于这些共识。例如大家读书的时候,就不会读出字的颜色,因为文字的表面意义就是文字本身的意义,这是我们一直以来对文字这种视觉符号的解读。所以,在看文字的时候,我们首先解读出文字本身的意义,而不是文字颜色的意义。有人将这种看到文字即习惯性先读出文字而非先识别出文字颜色的现象,作为左右脑反应速度的依据,是无稽之谈。

我们可以从下图中解读出"口""红色"等意义,它的表面意义并不明确。当表面意义明确时,符号意义表达可以非常精准;当表面意义不明确时,符号意义表达则会宽泛。表面意义不明确的视觉符号可以激发想象力和创意,表面意义明确的视觉符号能帮助我们把想法表达清楚。当我们了解视觉符号的这些特性之后,我们就可以构建出符合不同情境解读的笔记,以解决不一样的问题。

第二节 笔记的构建过程

对于笔记使用者来说,由于不同的使用目的,笔记有着不一样的价值。有人希望通过别人构建的笔记来学习,也有人用笔记记录自己的想法。小到一次数学草稿,大到一篇论文,一个研究成果,都需要用笔记这样的工具辅助我们完成。

笔记的构建过程

构建者:笔记的构建者,也是意义表达者。构建者为了表达出自己内心的想法或想达到某种目的,构建笔记供他人解读。构建者构建笔记的过程,称为思维可视化。

笔记:本书所说的笔记是广义的笔记,指由视觉符号组成的,能表达思考过程或意义的信息载体组合。

解读者:阅读笔记并解读笔记意义的人。

下图是笔记构建和信息传播的基本过程,完成了这个过程,笔记也就完成了它的任务。

表象的激发

我们有这样的认知体验:当你在阅读的时候,脑海里面会出现各种联想的画面。这种画面既模糊又深刻,在我们阅读的过程中自然而然地被激发出来,如果你不停下来思考,可能你并不会发现它们。不管你是在解读还是在构建笔记,只要符号存在意义,符号使用者就会产生这样的体验。在心理学中,表象是人脑对感知过的事物形象的反映,这种头脑中产生的"图像感"就是表象。

比如说"苹果"作为一个视觉符号,当你读到它的时候想到什么?可能会在脑海里面想到一个苹果的样子。我们通过想象力感受到的苹果的样子就是表象。但是表象不只是"图像感"。表象主要是我们的五种感官感受(简称"五感")在头脑中的反映,它可以是视觉、听觉、嗅觉、触觉、味觉,也可能是这些感觉综合而成的认知感受。

有研究表明,我们从外界接收的信息有83%以上是通过视觉获得的,其次分别是听觉(11%)、嗅觉(3.5%)、触觉(1.5%)、味觉(1%)。很多时候我们感受到的表象也以视觉为主。就像说到"苹果",你首先可以想到苹果的样子(视觉),不过深入一想,你还可以想到苹果的味道(味觉),感受苹果外表的温度(触觉)。同样,我们通过想象可以感受到梅子的酸,感受到鸟语花香等,这些都是表象。表象来源于我们过去对现实世界的感知,却比现实世界更加丰富,因为它没有现实世界的限制,能把我们在现实世界的感知任意组建成新的表象。

前面说到,只要符号有意义,使用者大脑就会有表象。那么是不是有一些符号不能让我们产生表象呢?是的,比如:时间。

来看看我们是怎么样描述时间的:"不要浪费时间""时间就是金钱"……可见我们是把时间暗喻成金钱了。我们从小学习"时间"的意义时,都是通过这种方式学习的。时间是抽象的,为了构建"时间"的概念,我们把它暗喻成物品,与情景关联,让头脑产生大量表象。人类为了解释世界,创造了很多不能被直接感知的新概念,这些概念都是由其他概念叠加组合而成的，用旧概念解释新概念，不断循环，不断形成新的概念，所以有些概念才会让我们感觉到抽象难懂。但是不管如何抽象，它们都是我们对世界万物的认知。它们的本质都离不开由"五感"组合而成的表象。这也是我们要学习的原因，因为很多概念都是通过人类多年实践"加工"而成的，它们都是建立在无数旧概念之上。只有学习了，你才能形成表象，才能理解和记忆它们。

如果你看到一个视觉符号之后，头脑中形成不了表象，那么，你也无法知道它的意义。也就是我们常说的听不懂、看不懂、不理解。知道这一原理，我们就知道，要让对方理解，就要让符号能在对方脑海当中形成表象。这能够帮助我们更有效地沟通，也可以指导我们更有效地调整自己的表达方式（形式），是笔记构建者要学习的。

笔记的构建（从"构建者"到"笔记"）

在从构建者到笔记的视觉化过程中，构建者希望用最有效的视觉符号构建笔记，让解读者可以快速理解到其意义。

生活中常常有"我说的你听不懂""你写的我看不懂"的情况，当我们通过视觉符号（文字语言化）进行沟通时，看不懂主要是视觉符号的传递和解读出现问题了。笔记技术可以让我们掌握如何构建更加容易被理解的视觉符号组合方式。

高效的笔记要把握以下两个原则。

第一，是尽可能简单。对构建者而言，希望尽量用更少的内容把意义表达清楚。

例如像前面提到的案例，同样是要表达"牛"这个意义，三种表达方式构建的复杂程度和所需花费的时间是截然不同的。图片可能要花几个小时，简笔画可能要花几分钟，文字则用 1~2 秒便可以完成。

第二，是否能让解读者理解。从解读者角度，面对不同的人群或环境，构建笔记的形式也就不一样。

对于解读者而言，通过符号解读其中意义是需要消耗大量脑力的，而这个时候图片可以让解读者头脑中直接形成表象（后面的课程会与大家介绍），降低思考难度，快速理解甚至记忆。所以漫画、图文杂志常常给我们带来轻松的阅读体验，我们更加容易理解其中的意义。而在专业性精准性要求十分高的场合，图片的使用会变得更少，因为文字符号不易产生表象，但却能非常精准表达意义，例如合同、规章制度等。对于构建者而言，关键是要掌握科学的方法，知道视觉符号（图、线、色、字）的运用规律，找到"精准"与"简单"的平衡点，从而构建高效的笔记。

笔记的解读（从"笔记"到"解读者"环节）

在从笔记到解读者这个环节中，解读者对看到的笔记进行解读。解读出的意义可能是构建者想表达的，也可能出现了解读的偏差。例如前面讲到构建者找来了这张图片作为其意义表达的符号，他只想表达"牛"这个动物。

寻少卿 摄

但是解读者解读出来的可能是"牛""水牛"等,甚至可能解读成"美景""农作""冬天"。这些偏差是很正常的,因为对一个符号的意义解读可以有无数种。

笔记技术就是希望我们了解产生这些偏差的原因,以便让构建者或解读者在构建或解读符号的时候减少这样的偏差。但是偏差不一定就是坏事,有时候我们也会利用这种偏差,因为我们通过对符号的意义解读(投射),可以分析解读者的思考状态,也可以激发解读者的想象力。在心理咨询、教练技术、创新创意等领域,常常利用我们对符号解读的偏差去解决实际问题。我们要做的是学会规避或利用这些偏差。运用视觉符号的这些特性解决实际的问题。

构建者与解读者

关于构建者和解读者,我们可能会有下面的误区。

1. 我不是作家,构建者和我无关

本书所说的笔记,指思想的可视化形式。只要需要表达思想,只要生活在社会之中,我们都需要做符号构建者与符号解读者。给客户介绍产品、演讲汇报、亲子互动、工作总结等,无一不需要构建符号表达思想,我们都要充当构建者角色。

2. 构建者与解读者一定是两个人

构建者和解读者可以是两个人,也可以是同一个人,比如说都是你自己。我们在思考一些问题时,即使自己的脑海里面有想法,但是它未必是清晰的、完整正确的。通过构建笔记,可以帮助我们更直观地感知思考过程。将抽象思维形象化,这样可以更好地发现思考过程存在的问题,及时做调整。这个时候,你既是构建者又是解读者。

虽然我们一直都在使用笔记，但是却可能没有深入了解过它是怎么样构建、解读的。笔记技术就是要学习用视觉符号构建、解读笔记的方法。

笔记的三个特征

笔记要让解读者更容易读懂，必须有以下三个特征：组块、顺序、关系。

人脑处理信息的能力是有限的，所以在用笔记表达的时候，也要以组块的形式按一定顺序呈现。只有组块明显，顺序明确的笔记阅读起来才能让读者更"舒适"，因为这才符合大脑使用的习惯。不管什么样的笔记，一定具有组块、顺序这两个特性。在纯文字笔记中，我们会以段落来划分组块，把组块按照先后顺序排列起来（如下图）。

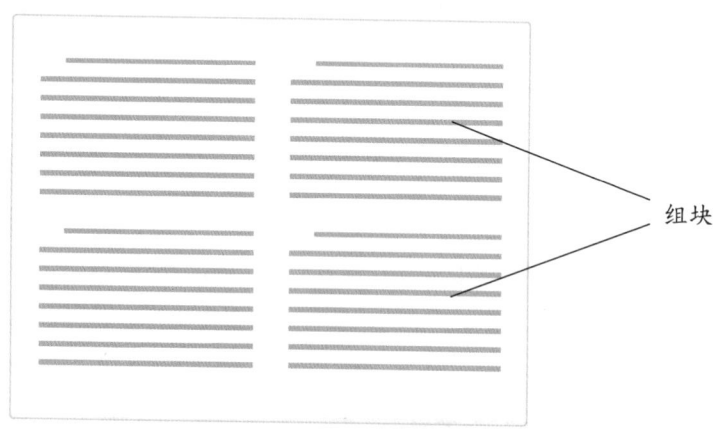

思维导图笔记通过多层级细致组块让笔记看上去清晰易懂（如下图，蓝色部分为大框架组块）。

第一章 打通学习力改变的通道：笔记技术

思维笔记中也以组块的方式组合成一张完整的笔记（如下图）。

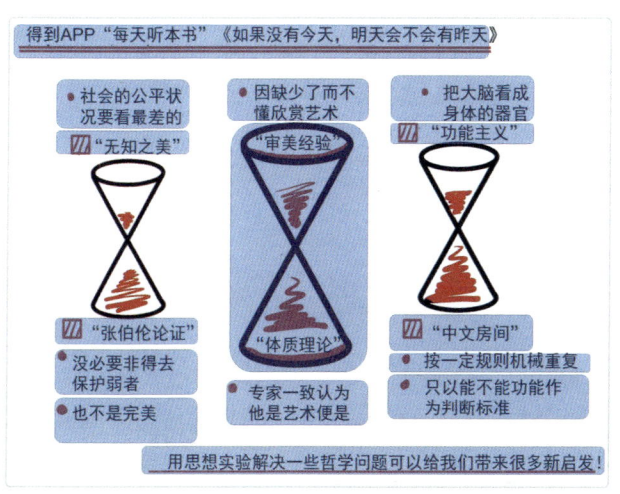

从上面的案例我们可以看到，不管什么样的笔记都有组块的特质。除了组块，更少不了顺序，先读哪里，再读哪里，必须一步步阅读完成。明确先后顺序，也是为大脑"减负"，是让笔记看上去更"舒适"的方式。

一般我们阅读的顺序是从左到右，从上到下。有时候也会有例外，我们可以通过一些约定俗成的规定，或者人为引导打破常规的阅读顺序。例如东尼博赞思维导图的阅读顺序就是约定从一点钟的时钟位置开始顺时针阅读；如果笔记上有1、2、3、4的序号，即使此时并没有从左到右或者从上到下排列，解读者也会按照序号的顺序阅读（如下图）。

5 快速提升写作能力的思维
4 高效能人士都在用的思维导图笔记法
3 如何在短时间内读完一本书
2 如何运用思维导图实现高效记忆
1 导图中蕴含的经典思维方法

前面说到构建者把要表达的信息进行组块更有利于解读者解读，而这些组块之间要构成完整的意义，还必须存在关系。

笔记的这三个特征都是为了适应大脑认知特性所形成的，笔记反映着思维，从笔记中也可以看出思考的规律，以及如何高效使用大脑的方法。我们了解了笔记的这些特性，也就懂得了任何笔记阅读的方法：找组块，找阅读顺序，找关系。这几点做好了，可以帮助你快速还原构建者希望表达的意义。

第三节 视觉符号的解读

我们的很多行为是大脑自动化完成的，例如掌握了用筷子吃饭，吃饭的时候根本不再需要考虑筷子怎样用；熟练开车之后，根本不再需要考虑方向盘、离合、刹车、油门如何配合使用。大脑自动化是潜意识控制的，可以让我们轻松完成极其复杂的思考和行为。这种"自动化"是人类大脑进化的结果，可以帮助大脑节省更多的资源，且确保我们可以快速完成各种行为动作。

符号解读的"脑补"现象

我们在解读视觉符号的时候，大脑也会"自动化"思考。对于同一个概念，不同的文字表述可以影响解读者理解。为了让大家更好地理解这个概念，本书用了更形象的表述，称之为"脑补"现象。

这里说的视觉符号"脑补"现象实际上是心理学的格式塔效应。格式塔心理学，又叫完形心理学，是由德国的三位心理学家马克斯·韦特海默（1880 — 1943）、沃尔夫冈·柯勒（1887-1967）、库尔特·考夫卡（1886-1941）研究似动现象时创立的。"格式塔"的意思是"形状、形式、模式"等，是德文 Gestalt 的译音。该学派认为，我们感知到的整体并不是部分之和。在视觉符号的解读过程中，这种"脑补"现象常常被我们所运用。我们会根据已有的经验将看到的符号意义"脑补"完整（即使符号并没有完整论述经验）。

一页纸唤醒学习力

看看下面这组符号，你能说出这三个词语表达什么意思吗？

老爷爷　箩筐　树

也许你能说出很多种答案。

我们来想一下这一情景：

"老爷爷背着箩筐爬到树上。"

我们原来没有"老爷爷背着箩筐爬到树上"这个情景的经验，但是当你想到这个情景之后，再看到这三个词语"老爷爷""箩筐""树"时，你就可以从这三个词中解读出这样的意义了，这就是"脑补"现象。

不仅是文字符号，图像符号也是如此。你觉得下图的内部是什么形状？

很多人会说内部是三角形，而事实上内部并没有三角形。这是因为我们对"三角形"太熟悉了，从三角形特征碎片中，我们"脑补"出了自己原来已有的认知经验（三角形）。

所以有时候，即使看到的是不完整的视觉符号碎片，我们也可以把完整的视觉符号的意义还原出来（下图）。

视觉符号碎片　→　"脑补"　→　意义原貌

这种大脑自动化的方式可以加快我们理解的速度，这就是为什么一本书你不需要逐字阅读（通过快读、跳读）也可以读懂意思的原因。很多人希望改变生理能力去加快阅读速度（眼肌运动训练），事实上真正阅读快而高效的人，是通过"脑补"阅读。阅读者已有的认知程度对阅读速度才是最大的影响因素，因为那些看几句话就可以理解几页纸的意思的人靠的不是眼部肌肉发达。

我们喜欢用"脑补"的方式阅读，因为这样读少量的信息，就可以完成对大量信息的理解。这种方式也能让我们在具有同等经验的条件下进行高效的沟通交流。这里为什么强调同等经验呢，因为"脑补"的前提是你已经有这样的经验，否则也不能还原出视觉符号本来的意义。这就是为什么我们在对不同人表达的时候需要考虑到内容难易和详略的原因了。

"脑补"的时候，大脑调用那些已经储存起来的经验，这个过程大脑自动化完成，非常迅速，甚至连我们自己都无法察觉到。用"脑补"解读视觉符号比起完整的信息阅读会让解读者感觉更加轻松、舒适。这就是为什么我们在理解的前提下，更喜欢阅读关键词而不喜欢读一段长文字的原因了。

利用这一特征，我们可以把笔记压缩简化，把碎片内容交给读者"脑补"来完成对完整内容的理解。这样对于解读者而言，会让他感觉清晰、简洁、轻松、重点突出。作为构建者，也更加快速高效，因为仅仅用很少的符号，就可以表达更多的含义。

第二章

笔记技术的四个"核武器"

除了我们平时记录的普通文字笔记,笔记还有很多形式,例如思维导图、视觉笔记、树形图、八大图示法、创新思维导图、信息图等。真的要每样都学会,可能就要花很多的时间。

这一章我们一起来了解笔记的底层规律,笔记构成的要素:四个视觉符号。它们是构成一切笔记的基本要素,所以我称之为笔记技术的四个"核武器",对笔记运用而言,有力、有效、直截了当!

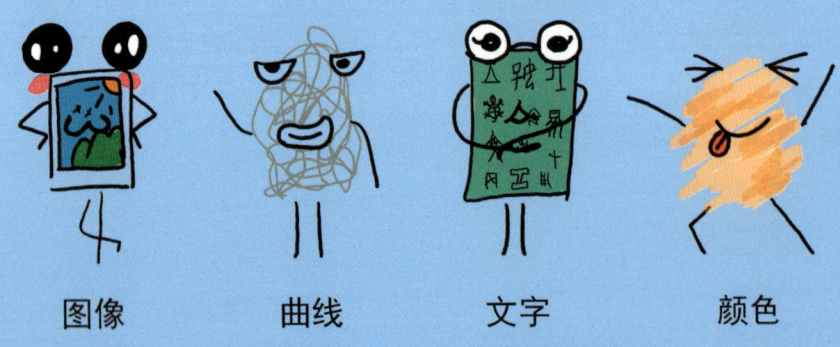

图像　　　　曲线　　　　文字　　　　颜色

了解这四个视觉符号的属性，就能够从根本上认识各式各样的笔记了。即使以后再出现其他形式的笔记，你也可以轻松驾驭。你甚至可以根据这些基本规则，打造属于自己的个性化的笔记形式。

　　前面介绍了笔记的三个特征是组块、顺序和关系，而笔记的四个构成要素：图像、曲线、文字、颜色，可以有效形成或强化这三个特征，让我们更加容易看懂读懂。笔记技术可以对思考过程进行检验和反馈，是学习力的"显色剂"。

一页纸唤醒学习力

第一节　颜色的意义

眼睛是我们最主要的信息获取器官，而颜色是眼睛对光感知的结果。对颜色的感知让我们能感受到物品的存在。视觉符号有颜色，与背景形成对比差异，于是能被我们感知。

但在很多情况下，我们并不会解读出视觉符号是具体某种颜色（如下图）。比如你现在看到下图的文字是红色的，我们阅读的时候却不会解读出文字"红色"的意义，而只会读出文字的表面意义"口"。"红色"的意义好像被隐藏起来了，但是这不代表这个视觉符号"红色"的意义不起作用。视觉符号的颜色默默影响着我们对视觉符号的解读，这个解读已经潜移默化地成为习惯，我们甚至不会意识到这种解读的存在。这一节，我们讲述视觉符号的颜色对视觉符号意义解读有什么样的影响。

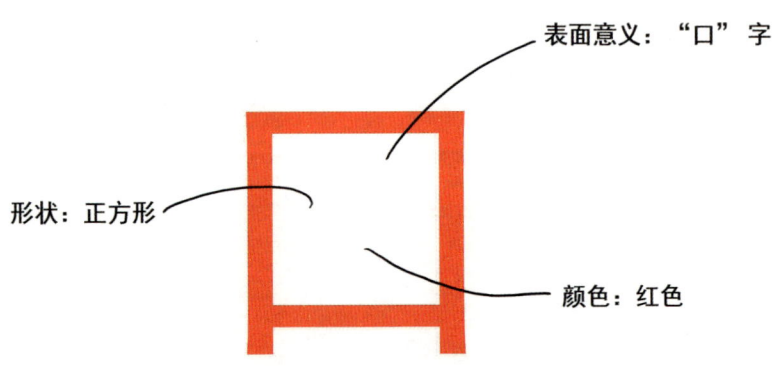

颜色表达的意义

颜色可以传达"分离"与"一体"的意义，什么颜色、颜色深浅等可以表达差异的程度。大自然中的生物常常通过控制颜色达到某种目的，例如避役（俗称变色龙）通过把自己的身体颜色变成与环境一致，降低身体颜色与环境的差异达到自我保护的目的。苹果未成熟的时候，其绿色与叶子颜色相近可以保护自己，到了成熟的时候变红色，可以让鸟类发现利于种子散播。这些都是生物通过控制颜色的不同或相同（相近），让物品与背景产生异同，表达出"分离"与"一体"的意义。人的大脑对这种意义的理解是直接的，是人类多年进化的结果，完全不需要思考就可以理解。

人对颜色解读的特性，在笔记中也有效。笔记里面颜色可以表达以下意义：

1. 组块

前面讲到笔记的一个很重要的特征就是把某个整体进行划分组块，把内容分割成一块一块的，更符合大脑处理信息的习惯。我们看到相同的颜色，大脑会认为这些颜色是相关的，它们是同一类别。

除了通过颜色表达组块的意义，我们通过颜色单元的形状、大小，同样可以完成对"组块"意义的表达。

2. 强调

如果你用颜色划分出多个组块后，希望突出其中某个组块，那么可以用不同颜色、深浅、大小做标记，起到"强调"的意义表达。笔记一旦有"强调"的意义，我们的眼睛会情不自禁去关注发出"强调"意义的位置，眼睛焦点会优先注意到被强调的地方（如下图），即颜色可以引导我们的眼球运动（视觉引导）。

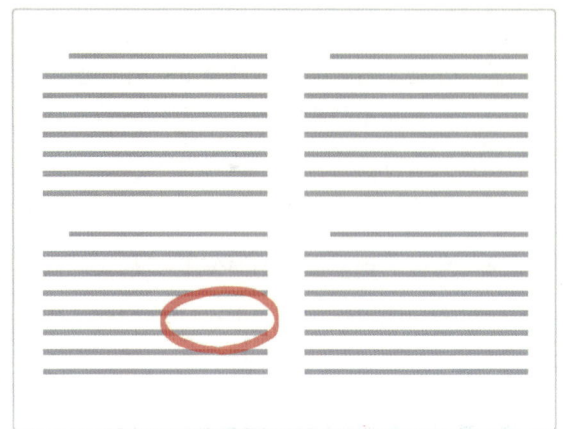

需要"强调"的,必定是多数中的少数,我们会自动识别组块之间的关系,把少数作为强调内容。像下面两个组块中,都是在强调数量比较小的颜色。不论它是什么颜色,都有同样的效果。

3. 联系

如果两个组块的颜色不同,我们会感觉到它们是有差异的;相反,如果两个组块的颜色相近、相同,我们会认为它们是相似、同类的。如下图,我们感觉到蓝色小点之间的关系会紧密一些,都属于同一类别,视觉上形成了组块。

其实颜色能够表达"组块"的意义,本质上也是我们对颜色之间关系进行判断的结果。

表达"组块"

1.颜色差异可形成组块

在笔记中,利用相同的颜色来表达"组块",可以帮助我们更清晰地表达层次和结构。看下方的文字,阅读起来让人感觉凌乱。

```
有林地        新闻出版用地
天然牧草地                工业用地
    灌木林地    人工牧草地    风景名胜设施用地
              储存用地    采矿用地
    医卫慈善用地        科教用地
```

但是当我们标上不同的颜色后,就把视觉符号分成不同组块,这样,信息的层次就清晰很多了。

```
有林地        新闻出版用地
天然牧草地                工业用地
    灌木林地    人工牧草地    风景名胜设施用地
              储存用地    采矿用地
    医卫慈善用地        科教用地
```

类似应用还有很多,例如在思维导图中,不同枝干用不同的颜色就形成了组块。思维导图技法要求不同枝干之间用冷暖色交错开,也是希望强化组块之间的差异,让解读者能更直接地感知枝干之间的层次。

2.间距差异可形成组块

视觉符号之间的接近或疏远,会让我们认为它们之间关系的紧密度不同,形成组块。

下图中每个圆点(视觉符号)之间距离一致,所以我们并不能感受到它们之间存在组块。

一旦改变它们之间的距离，组块就出现了。

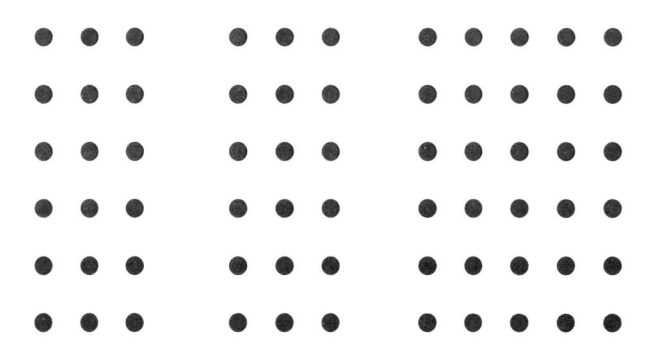

3. 形状和大小的差异可形成组块

视觉符号的大小和形状都可以形成"组块"的意义。

下图是由于视觉符号形状差异形成的组块（方形和圆形）：

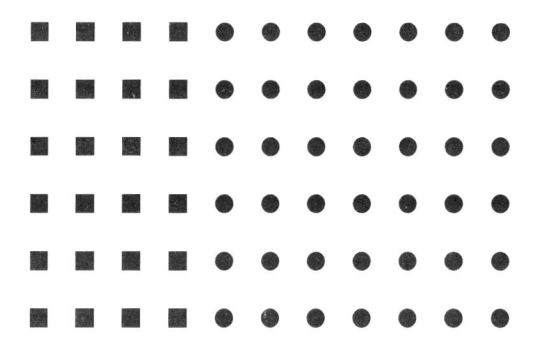

视觉符号的大小也可以形成组块（大点和小点）：

每个组块内部的视觉符号形状或大小未必是完全相同的，只要组块内部相近，组块之间的差异够大，就能够形成明显组块。

4. 综合形成强化"组块"

形状、距离和大小、颜色差异，都可以表达"组块"的意义，如果它们一起出现，则可以起到加强的效果。差异越明显，形成的组块越明显，甚至会让人感觉两个组块毫无关联，完全独立。

下图中，同时运用（颜色）差异、形状差异、大小差异、距离差异来表达"组块"的意义。

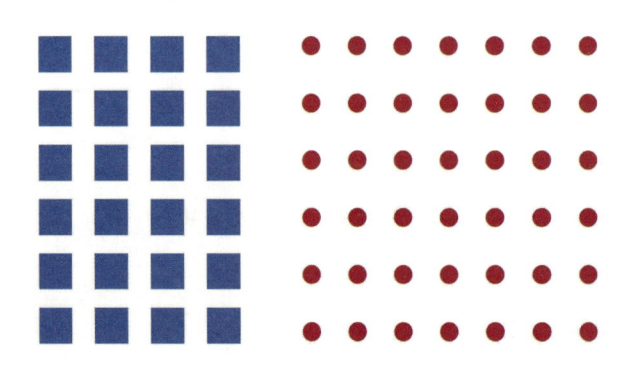

在笔记中，我们常用颜色来划分组块，并在组块内部再次形成组块，不同的组块形成了清晰的层次。层次结构清晰了，自然有利于解读者的理解（如下图）。

```
第三章  导图中蕴含的经典思维方法
    第一节  用导图打造高效思维
    第二节  定向发散思维
    第三节  归纳思维
    第四节  视觉化表达

第四章  如何运用思维导图实现高效记忆
    第一节  导图的筛子效应
    第二节  思维导图逻辑记忆法
    第三节  六感记忆法

第五章  如何在短时间内读懂一本书
    第一节  导图拆解分析术
    第二节  思维导图做文章分析
    第三节  思维导图做读书笔记
```

表达"强调"

"强调"，可以用组块后再次组块来表达，让组块产生层次，让笔记表达有主次。其实用颜色表达"强调"的意义我们并不陌生，我们常常用颜色来标注重点（如下图）。例如荧光笔的使用、把重要内容画上横线等。

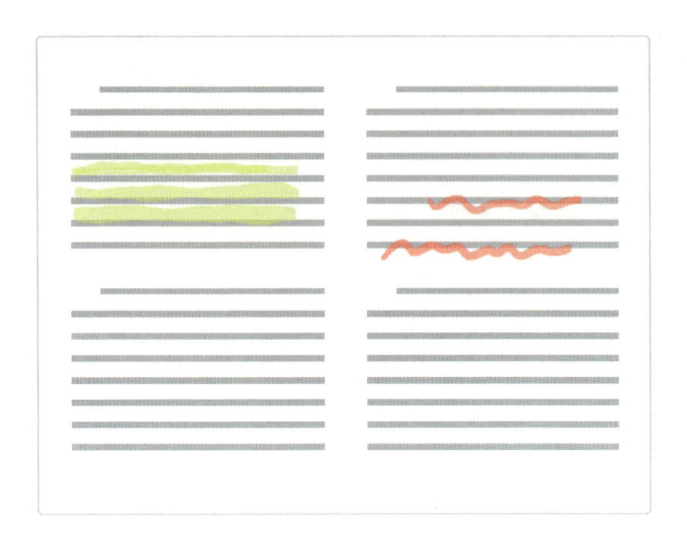

表达"联系"

用颜色可以把组块联系起来,这在地图标记、表格说明等场景中常用到。下图通过颜色将百分比与对应的数据联系起来。

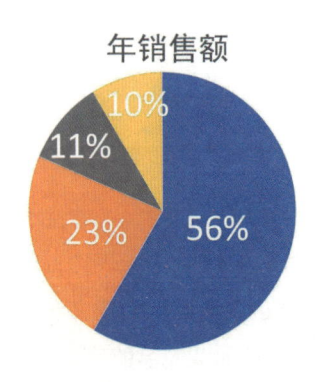

第二节 文字和图像的意义

上一节说到颜色,它构成五彩缤纷的世界,让我们可以感知到世界万物。在颜色的基础上,我们可以用图像在笔记中表达出世界万物。图像是我们对物品视觉感知的直观方式。

远古时代人们用来记录特定事物的笔记,就是简化的图像。后来慢慢地发展演变成文字。文字和图像都是很重要的视觉符号。那究竟我们对文字和图像意义的解读有什么特点呢?

文字精准的意义表达

识字、认字、用字是小学六年语文学习的基本功。每个字都不能出错,每个字都对应某个意义,并有个标准(汉语字典)作为参考,这便是我们建立起来的文字体系。文字体系要做的是,让我们对文字的运用和理解做到统一、具体、严谨、约束。没有不能用文字表达的意义,人类花了那么多时间精力搭建文字体系,就是为了让文字成为最能把大脑的想法具体、精准化表达的符号,配套的教育体系更是让人们对文字的运用有了广泛性和统一性。

图像宽泛的意义表达

图像也是视觉符号,它也能表达意义。可是图像并没有一套覆盖面很广的体系去统一图像意义的表达(除了在一些专业领域,如工程、建筑),

当你看到一张图像的时候，你可以解读出无数种意义。所以说，相较文字而言，解读图像的时候意义会更宽泛。

比如说，表达"胖胖的我"这个意义，我们可以直接用这4个字来表达，也可以用图像的方式来表达。

如果我用图像来表达"胖胖的我"这个意义（如下图），对于解读的人来说，他所理解的意义可能是"一个胖子""吃撑了""卷发可爱的男孩""胖得不行了"……所以说，一张图像的解读是宽泛的，甚至可能是无限的。

图像更易激发表象

视觉可以直接在大脑中形成表象。图像一般是对情景的近似表达，我们感知的图像信息，与视觉真实感知的信息相近。所以图像可以直接在大脑中激发与图像意义一致的表象。眼睛所见即所得（其意义），所以图像常常能给我们带来清晰、直观、好记的体验。

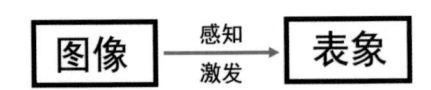

文字可以表达任何的意义，包括我们视觉看到的任何事物。在很多场合中，我们需要用文字表达所看到的事物。对于解读者来说，首先解读者用视觉感知到文字，然后通过原有的学习经验，找到文字相应的意义，之后再形成表象（如下图）。表象的形成来源于我们视觉为主的"五感"的综合感受。而文字给我们带来的"五感"与文字意义带来的"五感"相差甚远。而且这个是线性解码的过程，需要花更多的时间并消耗大脑能量去思考，甚至还需要有足够的文字理解能力（知识经验）。所以阅读文字往往让人感到疲惫，注意力更难集中，尤其是对那些自己不熟悉的内容。

文字 —感知→ 文字对应的意义 —理解激发→ 表象

对于构建者而言，如何把你感知到的事物转化成文字信息，也是一种技能。这其实就是我们常说的写作，体现了我们语文的水平。对视觉以外的其他感官感受，文字也可以把它们描述出来。文字表达都会有同样的问题是激发表象的过程比图像表达曲折。

文字、图像综合应用

文字能精准表达意义，但是表达起来相对比较"费劲"。图像解读宽泛，但是比较"直观"。图像和文字各有其特征，所以我们可以取长补短，在一些情景中灵活应用图像和文字。

有这样的一个案例：领导让刚入职的小陈送一份文件到分公司，因为地址不太好找，领导给小陈说明了去分公司的路线："在楼下车站坐 804 公交车，到市二宫站下车，向东走 50 米有条小巷（你会看到一家花店）拐进去，走大概 100 米，再右拐走 50 米出去文明路，旁边有家麦当劳，对面就是盛天大厦，分公司在 5 楼 504 室。这个时间段人很多，走后面货梯会方便一些。"

方向感不太好的小陈一边听一边用纸和笔认真地记录下来。

> 804公交到市二宫，走50米，拐入100米，右拐50米，对面、504、货梯

去分公司本来只需要 15 分钟，小陈却花了 2 个小时，而且途中还给领导打了很多个电话问路，每通电话领导都解释了很久，电话中小陈都能听出领导越来越不耐烦了。办事回来之后，小陈心里很难受也很尴尬，才上班几天，就给领导留下这么不好的印象。

后来听同事说，那天领导挂电话之后很生气，抱怨："真心累，还不如自己送过去呢！"

其实这只是很小的一件事情，但是职场小白往往因为自己不熟悉、不擅长，又没有方法和工具，而犯下低级错误，最后在领导和同事面前出现尴尬的局面。

如果小陈了解文字与图像的综合运用方法，在出发之前把领导说的信息用下面的方式记录，记录完后再跟领导确认一下，这个问题可能就解决了。

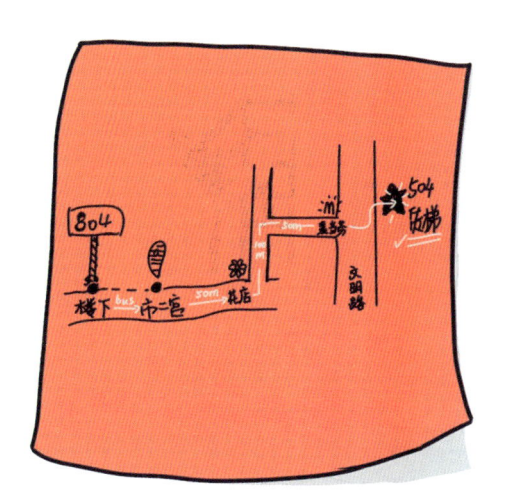

从这个例子可以看到，线路本身是我们能感知的事物，直接用图像表达会更加容易理解和记忆。文字在这里是给图像做补充，达到精准表达的效果。

生活中我们常常看到图文结合的应用，上面是图片，下面是文字，如下图。

请勿攀爬

这种图文结合的方式，不管是少了图还是少了文字，都不完整。

我们看看如果只有图像：

图像的意思不够明确,是禁止爬梯?还是禁止攀爬(柜子)?禁止下来?

如果只有"禁止攀爬"这四个文字,虽然可以表达意思,但是不够醒目,而且有局限性;加上图像之后,则更加直观易懂。

这就是图文结合的好处。图像可以快速帮助你形成表象,文字可以帮助你精准表达。二者结合,能让解读者更快理解,有助于对信息的记忆、还能提起解读者的兴趣。

不管是构建者还是解读者,了解文字和图像的特征并对它们加以利用,可以快速提升理解力、记忆力,还有沟通力。

通过上面的案例分析我们总结图像的使用场景:

(1)想描述某一情景(视觉可以感知到的),以图像表达更为直观。

(2)希望读者能更好地理解,文字加图像表达效果更好。

(3)在一些严谨、不能出错的地方,尽量以文字使用为主。

(4)希望激发表象、留给解读者更多想象空间、增强解读者的注意力时,则以图像为主。

基本配图法

很多人非常抗拒画图,觉得画图很难,非艺术专业的人不可能掌握。

其实并非如此。就好像文字,我们不专攻汉语言文学专业,也不影响我们对文字的学习和使用。同样,我们不是要画漂亮的图像,而是要用图像达到使用目的,会用、够用就可以了。

我们先来看看,在笔记中一个能被人理解的配图有什么特点。你能分辨出下面两张配图代表着什么物品吗?

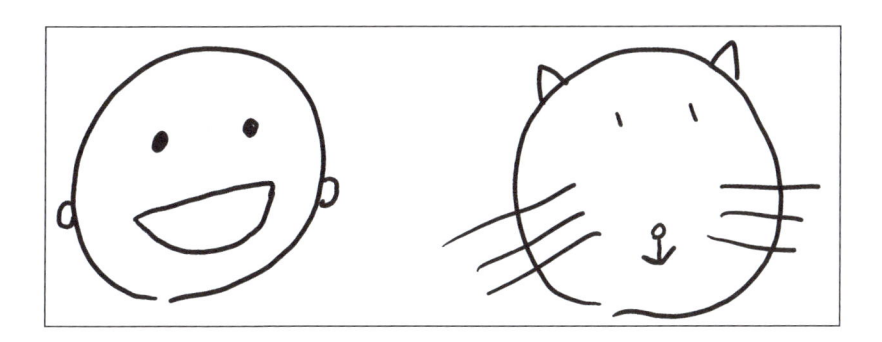

相信我们都能判断出来,上图左边的是人,右边的是小猫。看到了吗?我们只需要感知到很少的信息就可以判断图像的意义,而不需要画成下图那样,要有非常多的细节。

只要图像中存在着物品的关键特征,我们就可以通过"脑补"理解图像的意义。例如下面两张图,即使外形非常奇怪,但是我们依然能判断出它们分别是人和小猫。

利用好大脑的这个认知特性可以帮助我们大大降低配图的难度：配图只需要体现出事物的特征即可。

笔记配图一般可以用以下几种方法。

1. 物品画法：关键特征 + 外轮廓

（1）物品

一个水壶的关键特征：按钮、手柄、上下金属环、外轮廓。

第二章 笔记技术和四个"核武器"

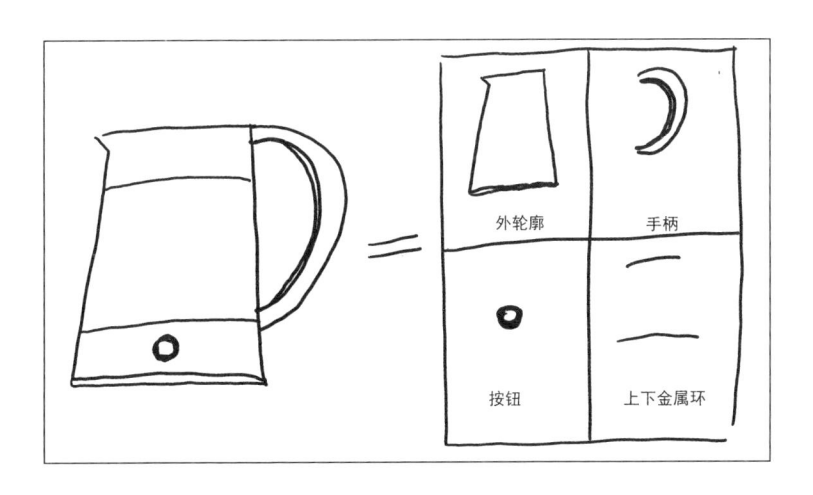

一个鼠标的关键特征：左右按键、滚轮、外轮廓。

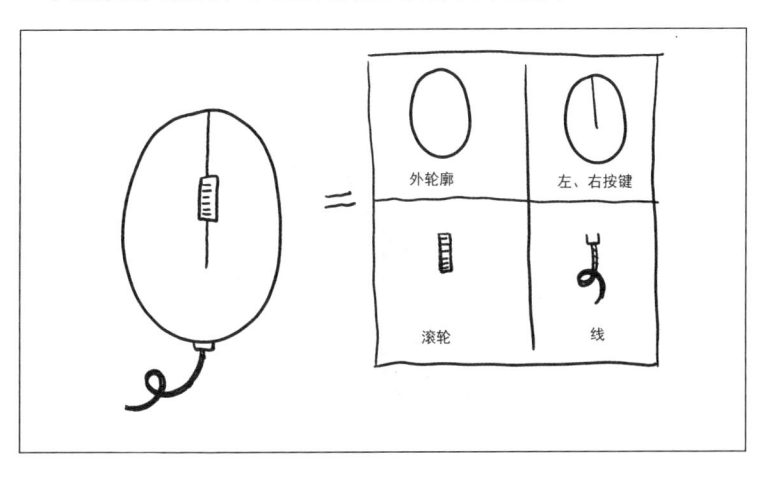

这样是不是配图变得十分简单了？关键特征不需要找太多，保留 2~3 个重要的特征即可。

如果实在觉得画得难看怕别人辨认不出来，可以在下面写上文字，比如：

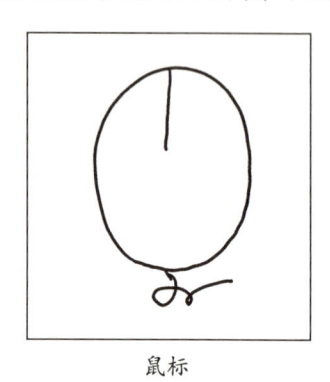

鼠标

文字的精准表达，图像能激发表象，两者结合就完成了完美的表达：直观形象且精准。

（2）人脸

生活中有很多人有"脸盲症"，上午刚听完新同事的自我介绍，下午就对不上号了。实际上，记不住人脸是因为我们没有抓住人脸的关键特征。在画人脸的配图时，我们主要抓住脸型（外轮廓）、发型（发际线、刘海）、配饰等特征即可。

第二章 笔记技术和四个"核武器"

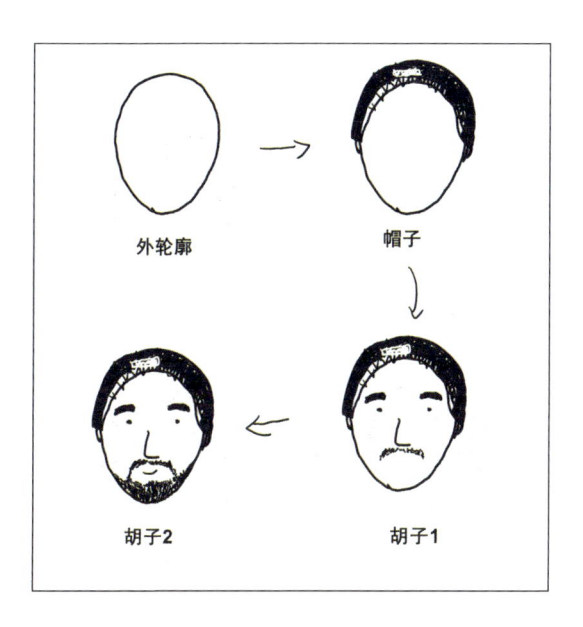

按照上面的步骤,就可以画出不同的人脸。重要的是我们需要通过观察,发现要画的人脸的特征。

我们再来画一个:

41

以上人脸特征：发型、耳环。

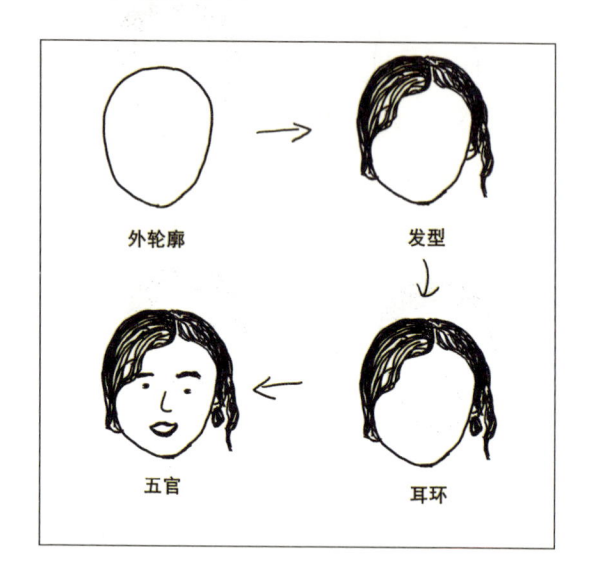

（3）动作

一个人的肢体动作可以通过他的关节的状态辨认出来，所以在表达动作的时候，可用有角度的两条线表达关节的弯曲，画出相应的动作。如果需要强调主体的个性，可以画上 1~2 个关键特征。下图就是用线条替代人物四肢，表达出人物的行为动作。

2. 情景画法：关键物品 + 联系

了解完简单的物品和人物的画法，我们一起来看看更复杂的情景的画法。我们既希望降低绘制难度，又希望可以把情景表达清楚。所以我们尝试用一张简单的图像来表达一个情景，而不是像漫画那样用多格把每个细节都表示出来。首先要把这个情景里面最关键的物品找出来，然后根据它们之间的联系组合成一张图。我们看看如何给下面的故事配图。

一个小村庄的故事

山谷中，有一个美丽的小村庄。山上的森林郁郁葱葱，村前河水清澈见底，天空湛蓝深远，空气清新甜润。

村里住着几十户人家。不知从什么时候起，家家有了锋利的斧头。谁家想盖房，谁家想造犁，就抡起斧头到山上去，把树木一棵一棵砍下来。就这样，山坡上出现了裸露的土地。

一年年，一代代，山坡上的树木不断减少，裸露的土地不断扩大……树木变成了一栋栋房子，变成了各式各样的工具，变成了应有尽有的家具，还有大量的树木随着屋顶冒出的炊烟消失在天空了。

不管怎样，家家户户靠着锋利的斧头，日子过得还都不错。然而，不知过了多少年，多少代，在一个雨水奇多的八月，大雨没喘气儿，一连下了五天五夜，到第六天黎明，雨才停下来。可是，那个小村庄却被咆哮的洪水不知卷到了何处。

什么都没有了——所有靠斧头得到的一切，包括那些锋利的斧头。

这个情景中有以下关键物品：村庄、斧头、被砍掉的大树、洪水、秃掉的山。我们可以从结果（村庄有危险）去构思图画，根据原文的意思，加上自己的联想，画出物品之间的关系。

具体可以用以下三种方法对关键物品进行组合。

（1）物体大小突出法

放大树桩和斧头，把村庄缩小画在树桩之上（如下图）。每个物品之间都发生联系，记录了故事的结果。

（2）物体数量控制法

把画中的水量增加，村庄直接被淹没了，如下图。

（3）物体特征替换法

替换是指在物品（局部）之间进行替换，表达出与原文相符的意义（如下图）。

3. 其他配图方法：数学符号

请问你能说出下面三个三角形的指向吗？

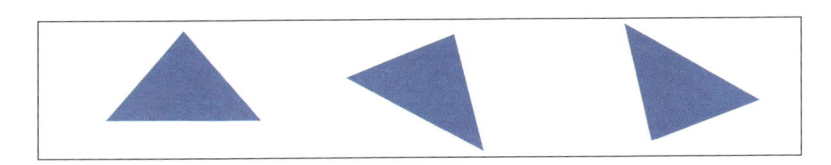

答案是不是这样呢，如下图？

向上　　　　　　向右上角　　　　　　向左下角

为什么你和我的答案是一致的呢？

我们对很多的视觉符号具有共同的意义解释，例如把尖的一端作为指向，这种认知与大自然的规律是一致的，植物发芽通常是尖端向上生长的。

这样的认知让我们对指向的视觉符号有了共识：我们会用类似"→"数学符号来表达方向。

数学符号常被我们使用，它们有的有图像的特性，有的有文字的特性，有的两种特性都有。不管怎样，它们的出现本来就是为了使我们的表达更加直观快捷，有时候一个数学符号可代替一大串文字。所以在记笔记的时候，我们也可以多用数学符号进行表达。下表中是笔记中常用的数学符号：

正确/错误	√ X
财富/金钱	$ ¥
强调/情感/提问	！？
表达多少	≤ ≥ ≈ = ∞
因为/所以	∵ ∴
因果/变化/增减/趋势	← ↑ → ↓

配图不难，因为每个人与生俱来都会画图（每个人都会用关键特征的方式来辨识事物）。但是要记着配图不是临摹，而是你的表象从内到外的表达。很多人画配图喜欢上搜索引擎找图，然后临摹。这种临摹实际不利于我们表象形成，也不利于观察力、思考力提升。

有效的方式应该是观察事物的关键特征（可以通过搜索引擎了解），然后用关键特征画出配图。同样的配图，不同的绘制方法，却有不同的思考过程。这种对关键特征关注的思维，可以强化你的观察习惯，提升你的观察力，正是学习力提升的有效方式。所以，在做笔记时，每一张配图的绘制，都应该是观察理解的结果，而不需要画出美丽的艺术品。

第三节 曲线的用法

"线"常常被作为长条状物品的替代符号,当我们不需要了解长条状物品细节的时候就可以用线条来表达。下图就是用线条替代四肢的火柴人图像。

我们常常用线表达特定的意义,如方向、关系等。本书单独把"曲线"作为视觉符号的要素,是因为看上去简单的曲线在笔记应用中起到太重要的作用了。我们十分依赖用曲线表达某种意义。这里说的曲线是广义的曲线,直线是特殊的曲线。这一节将论述曲线在笔记中的作用,以及如何用曲线表达特有的意义。

表达"相关"

如果用曲线把两个符号连起来,那么曲线的意义就是:相关。具体如何相关,需要其他视觉符号来补充或者解读者根据内容进行"脑补"。

例如下面的图中，在小明和小花中间连上一条线，线上有"朋友"的补充说明，这就告诉我们：小明和小花是朋友。

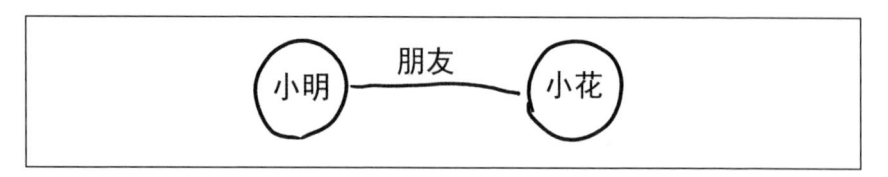

同样，下图要表达的是大海里面有鱼、虾、蟹（"脑补"的结果）。

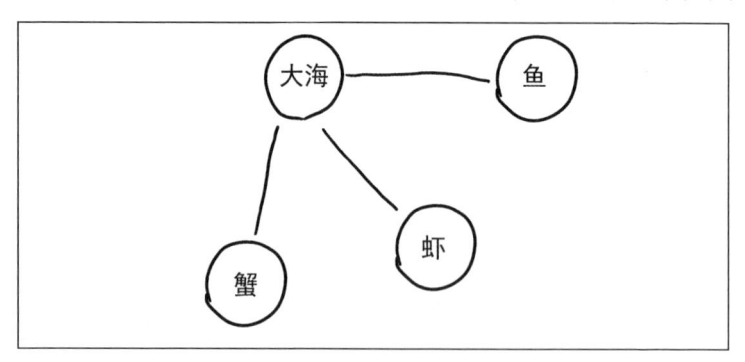

表达方向的">"与曲线搭配起来的用法也非常多，它以隐喻事物的轨迹来表达一种动态传递关系。

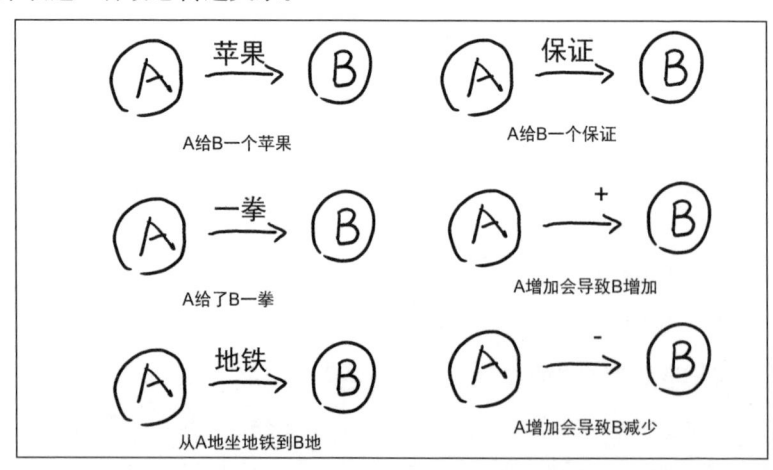

箭头的组合可表达更加丰富的意义：

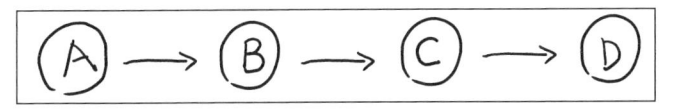

```
A → B → C → D
```

先后 / 流程

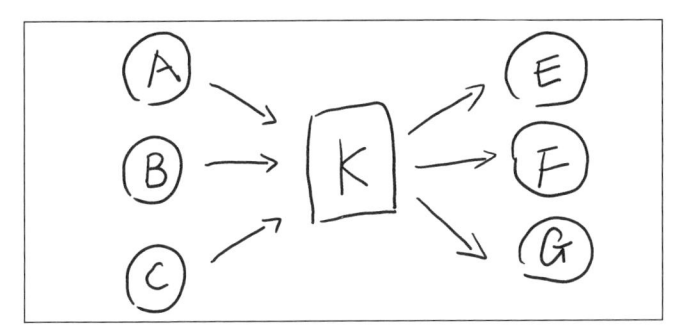

```
A ↘
B → K → E
C ↗    → F
        → G
```

会合 / 发散 / 因果

表达先后次序（视觉引导）

引导是带领、引领的意思。视觉引导是通过符号让你的视线（眼球）按照引导者所设计的符号路线移动。通过曲线的使用，可以让解读者轻易解读出视觉符号的先后次序。

我们做一下测试：请读出以下文字。

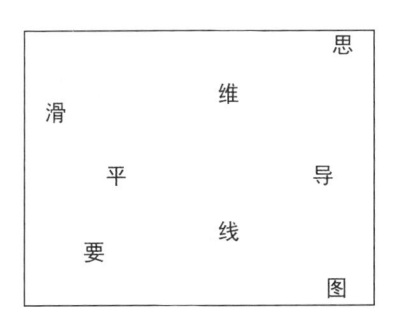

```
                思
            维
    滑              导
        平      线
        要          图
```

可能每个人阅读出来的结果都不一样。但是如果我们在这些字的下方

49

一页纸唤醒学习力

画一条平滑曲线,再加一个箭头,你发现再次阅读的时候,眼睛就会按照箭头方向,沿着线的轨迹阅读了。

如下图,我们会自然地按顺序读出文字:思、维、导、图、线、要、平、滑。

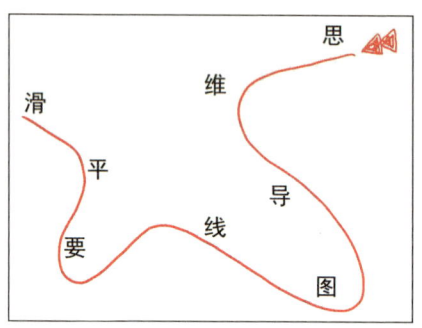

所以在做笔记的时候,我们用简单的线条就可以表达笔记的阅读顺序。我们平时虽然有从左到右、从上到下的阅读习惯,但是只要出现非封闭曲线,阅读的方向和顺序很可能会被改变。

在很多笔记当中,曲线也会变换成长条状的图像来引导阅读方向。这种方式还有一个好处是,它同时也有着图像表达的作用。

如下面的这张笔记,下方时间轴既是曲线又是地球轮廓线。

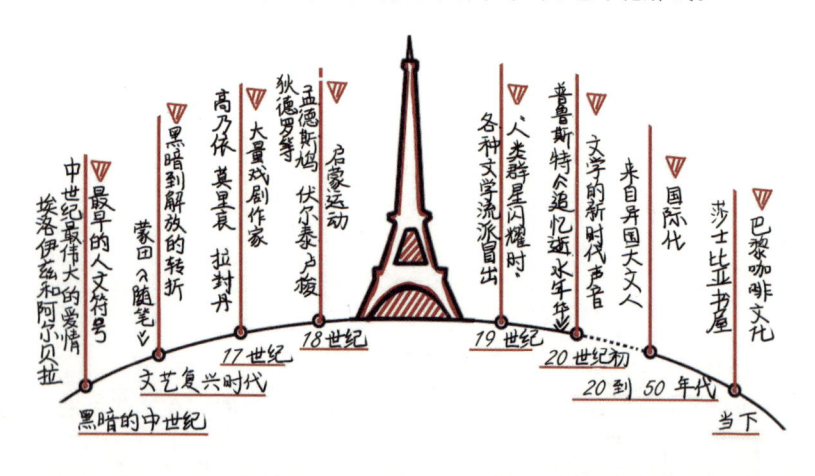

下图中央的水蛭既能激发读者的想象，又可以起到引导阅读顺序的作用。

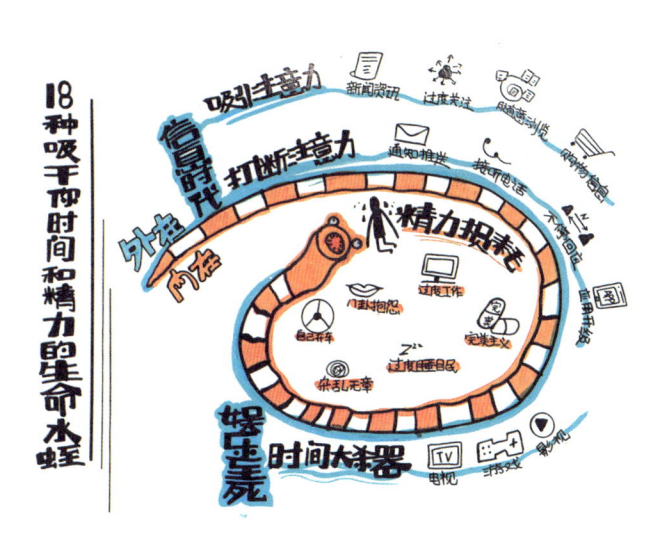

表达"组块"

颜色可以表达"组块"，曲线同样可以表达"组块"。下面的词语给人感觉很凌乱，难以发现规律。要想让解读者更容易理解这些信息，我们可以进行分类：组块。

```
能力提升        挑战         明年
                                     快乐
王主管    继续努力
                    辛苦
                            收获        不足
    公司      部门
        同事        优秀员工    业绩上涨
```

把相同类别的词语用曲线围起来，瞬间形成"组块"，我们可以清晰看到信息中的层次。

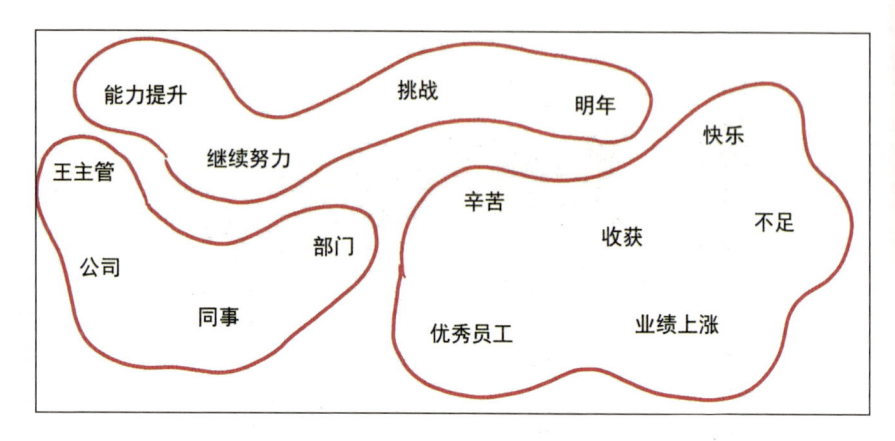

用封闭曲线把内容包裹起来有这样的表达效果，用曲线分隔开内容也有同样的效果（如下图）。这与我们日常画线为界、楚河汉界等认知习惯是一致的。

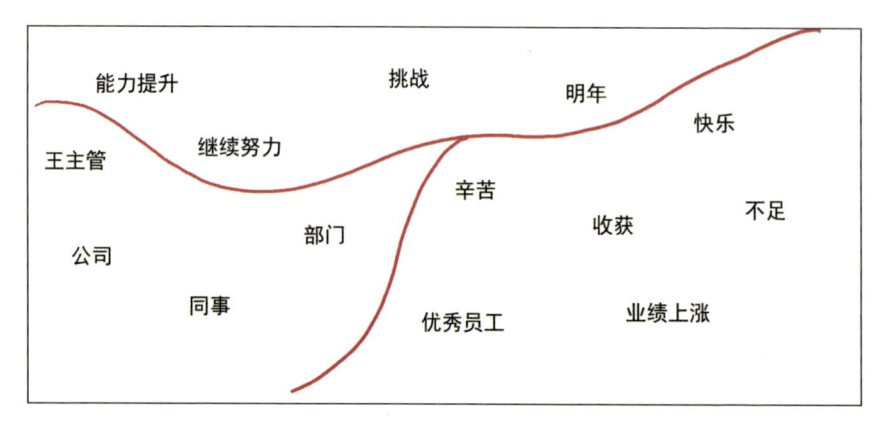

对于比较工整的信息，在旁边画上直线，也能把内容组块（下图左）。这与我们平时使用的大括号类似。

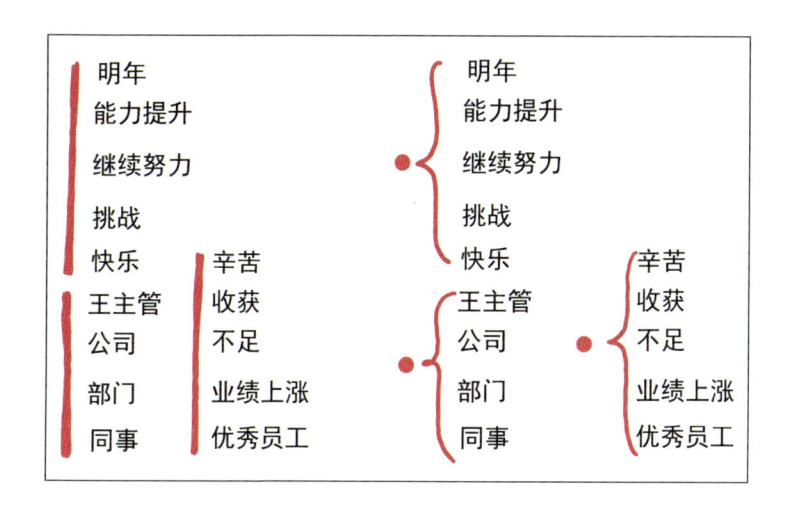

明年		明年	
能力提升		能力提升	
继续努力		继续努力	
挑战		挑战	
快乐	辛苦	快乐	辛苦
王主管	收获	王主管	收获
公司	不足	公司	不足
部门	业绩上涨	部门	业绩上涨
同事	优秀员工	同事	优秀员工

曲线是区别于文字和图像一个重要的视觉符号，在笔记中学会使用曲线，可以大大增加笔记的易读性，也会减少笔记的记录量。

第四节　笔记中视觉符号的综合应用

通过前面的学习，我们掌握了视觉符号的基本原理，即掌握了笔记的底层规律，已经可以绘制或者阅读任意一种形式的笔记。下面通过几个案例一起来分析笔记中是如何运用颜色、图像、文字、曲线等视觉符号来把意义表达清晰的。

案例一：

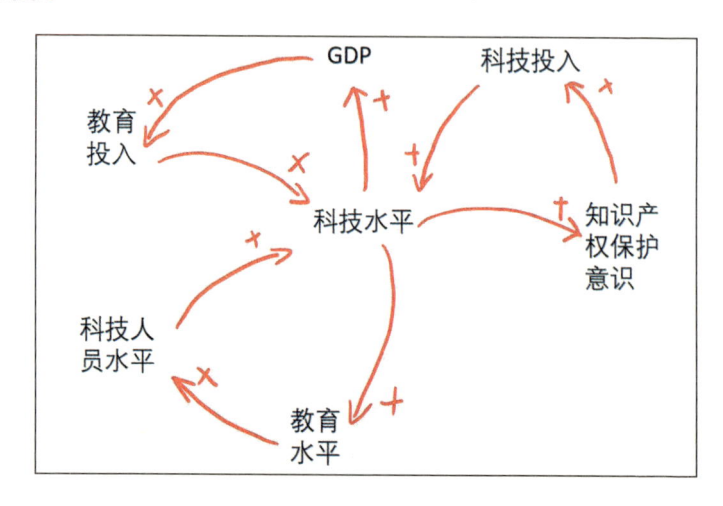

第二章 笔记技术和四个"核武器"

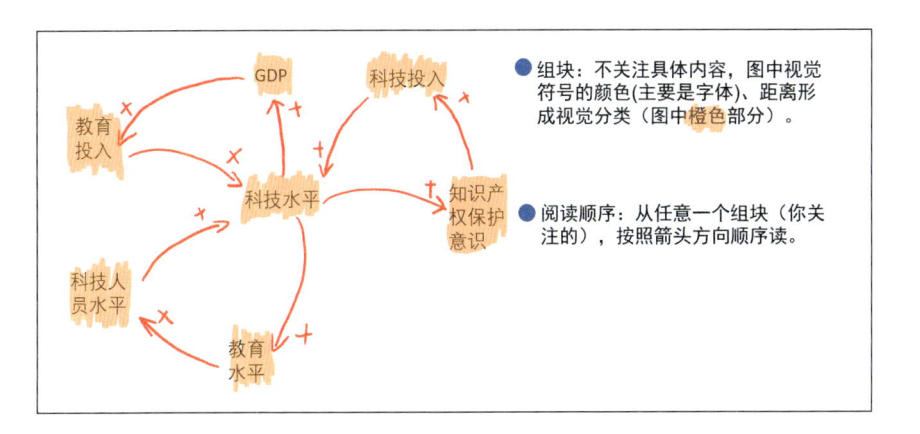

- 组块：不关注具体内容，图中视觉符号的颜色(主要是字体)、距离形成视觉分类（图中橙色部分）。

- 阅读顺序：从任意一个组块（你关注的），按照箭头方向顺序读。

案例二：

日期	2020年2月8日 星期六

公司名称					
重要且紧急	事件	完成情况	重要不紧急	事件	完成情况
任务			任务		
不重要但紧急	事件	完成情况	不紧急不重要	事件	完成情况
任务			任务		

55

一页纸唤醒学习力

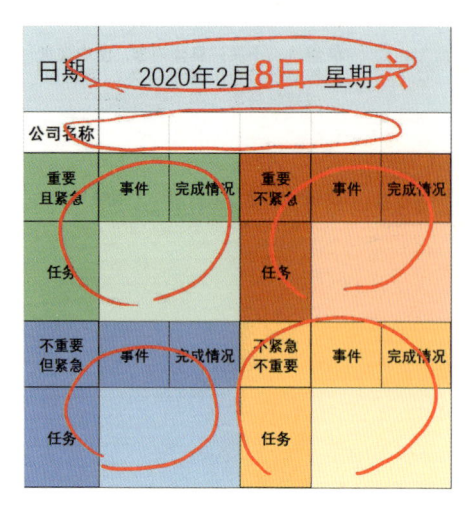

● 组块：不关注具体内容，图中视觉符号的颜色、曲线形成视觉分类（图中红圈部分）。

● 划分层次：用近似的两种颜色划分层次，形成即有差异又有统一性的视觉效果。

案例三：

56

● 综合分析：此笔记组块非常明显，可以看到有一条主线（视觉引导）表达原文的表达："原本不会飞的恐龙最终变成了天之骄子——鸟类"。
中间的小图代表了恐龙演化过程。此笔记以图片为主，配合原文阅读，可以激发表象，引起想象，帮助理解记忆。

思维笔记的三个最重要特征组块、顺序、关系可以通过视觉符号颜色、文字、图像、曲线形成无数种搭配，构成样式丰富的笔记，表达不同的意义。形式是无限的，但是规律却是一样的。

第三章

系统思维与系统模型构建

我们习以为常地用我们的感官认识周围的世界，但是实际上小到微观量子世界，大到宇宙时空，能被我们所感知到的事物少之又少。站在宇宙的视角，人的感知力显得格外无力、脆弱和渺小。不过即使人类再渺小，我们也从来没放弃过对最复杂的宇宙的探索。虽然宇宙探索更像是科学家的工作，但是这种对复杂事物探索的精神、思考的模式和方法无疑是十分值得我们学习和研究的。在生活中，只有站得更高，才能看得更全面。面对复杂的世界，我们要学会系统思维。本章是"唤醒学习力"思维层面的内容，我们知道思维是解决问题的根本。我们将讨论下面的问题，帮助大家理解"系统"和"系统思维"。

- 我们为什么要划分系统？
- 系统与我们日常工作生活有什么关系？
- 怎么样才能更好地应对系统？
- 怎么样才能获得系统思维？
- 如何用系统思维解决问题？

第一节 系统的本质

讨论系统，我们不得不先来谈谈分类。"分类"这个词我们在小学数学中就学过，但是很多人好像除了那时候关注过这个概念，往后再也没深入了解过了。与"分类"相关的词语还有"归纳""概括""总结""结构化""合并同类项""总分"等（强调的是分类方式和过程）。事实上，"分类"的重要性超乎我们的意料，甚至可以说人类依赖"分类"而生存。

人们常说，物以类聚，人以群分。在自然界中，生态系统分为森林生态系统、草原生态系统、湿地生态系统、淡水生态系统、农田生态系统、海洋生态系统、城市生态系统等。

例如，初中阶段的学科分为语文、数学、英语、物理、化学、道德与法治、历史、地理、生物、体育、音乐、美术、信息技术等。

从古至今，分类无处不在，我们用"分类"认识世界，甚至可以说是依赖分类认识世界。原因很简单，世界给我们的信息是无限的，但是大脑的处理能力有限，所以我们必须采用分类和组块的方式，降低认知的负荷，方能记忆理解。这也是为什么笔记中要有组块的原因了。

经常有人说，宇宙万物都以分类和分层的形式存在：脑细胞结构、自然树状结构、网状结构等。事实上正好相反，是我们依靠分类和分层的方式感知宇宙，而非宇宙万物以分类和分层的形式存在。所以说，我们的认知能力决定着我们看世界的样子。

分类是人类为了适应复杂世界形成的认知方式，因为是人为设定的，所以分类的结果并不是绝对和永久的，随着科学的发展、环境的改变，个人认知水平的提高，分类也可能会被重新设定。例如，以前光的分类指的是可见光，后来分类范围变广了，还包含了不可见光。我们原以为世界万物只遵循牛顿力学，后来发现还有量子力学。我们现在所设定的分类方式在未来也许会被推翻。这正是人类的智慧所在——敢于批判，善于思考，掌握工具，不断挖掘。这种周而复始重构人类知识体系的方式，改变了我们的生活。

在分类思考方式之下还有另一个我们常常能听见的概念：系统。系统是分类的结果，是我们认知的需要。我们把世界划分成无数个系统。面对无数个系统，除了关注如何划分类别，还需要对其内部复杂性与功能性进行研究。

系统的复杂性

系统具有极其复杂的要素，而且要素与要素之间又存在相互作用、相互影响的关系。而系统思维则是把思考对象看作复杂系统的思维方式。

我们会不会有这样的疑惑，人们掌握了那么多知识，知道那么多道理，会不会哪一天我们就可以不用再学习和研究了。这个时候人的认知就变得无敌了呢？如果用系统思维来思考这些问题，我们便可以得到答案：这样的情况永远不会出现，因为系统极其复杂（趋于无穷）。

任何一个系统都非常复杂，要素都是无限的，联系也是无限的，我们无法列举出现实系统的内部关系的所有情况。我们甚至很难表达系统的复杂程度，如果要用视觉符号表达系统的复杂性，那么无穷（∞）是最恰当的表达。看到这里，我们是否对系统充满了畏惧呢？

不要过于悲观。相反，正是因为现实中系统的复杂性，才能有无限挖掘的可能性，才有无穷的创新。只有你想不到，没有办不到。这句话既道出系统的复杂性，也提示着我们一切可能都存在于系统当中。当然，面对系统的复杂性，我们也早有科学的方式对系统进行分析。

第二节 系统模型的构建与简化

系统的信息量是无穷大的,且其内部信息与信息之间千丝万缕,形成关系极其复杂的信息网络。研究系统我们必须把系统信息进行压缩和简化,形成模型,鸟瞰系统的要素与联系,更易找到系统运作的规律。这种"抓主要矛盾"的方式既大大简化了系统的复杂程度,也能够帮助我们摸清系统运作的规律,弄清楚系统运作的行为、要素及相互联系。

构建简化系统模型

"分类"是最基本的系统简化方式:把系统划分成小块(组块),然后再找出它们的关系。下图为一个系统模型简化的过程。

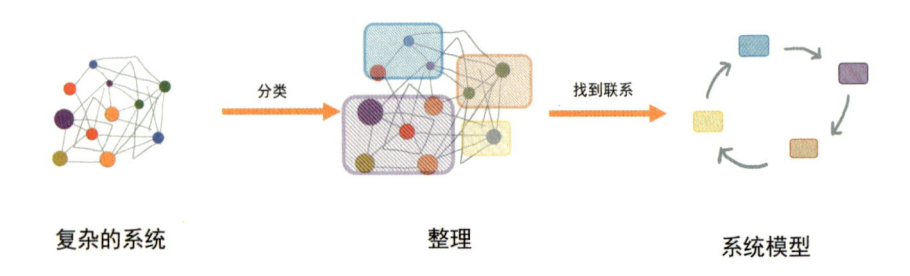

复杂的系统 → 分类 → 整理 → 找到联系 → 系统模型

通过抽丝剥茧,对复杂的关系进行简化,大大降低信息的复杂程度和认知难度。在笔记中,分类实际是视觉符号的替换,把多个视觉符号替换成具有概括性的单个视觉符号。

下图是对某地方科技水平的系统分析模型。从图中可以看到影响其科技水平的因素有很多种，主要因素为：知识产权保护意识、教育水平、科技人员水平、教育投入、GDP、科技投入。这些要素相互联系，构成一个影响某地方科技水平的系统模型。这就是一个简单的系统模型的例子，我们可以从中看到各个要素的相互关系，这使对系统的观察和研究变得简单。

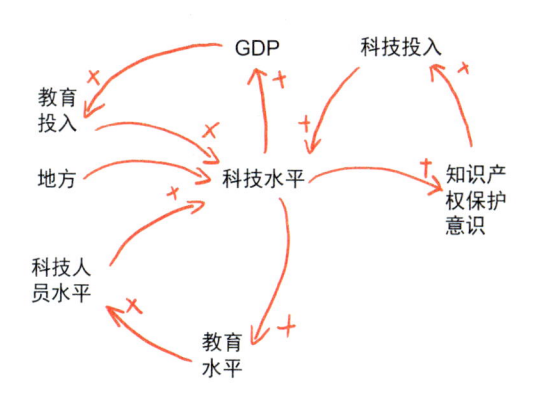

但是有时候我们发现，在复杂的系统中，即使把信息分类了，仍然会存在非常庞大的信息量。比如我们在对被子植物系统进行研究的时候，对观察的数据可以分为毛茛科、石竹科、杨柳科、藜科、蓼科、苋科、十字花科、锦葵科、蔷薇科、豆科、柽柳科、胡颓子科、蒺藜科、伞形科、木犀科、夹竹桃科、茄科、旋花科、葫芦科、唇形科、玄参科、紫草科、菊科、车前科、胡桃科、鼠李科、葡萄科、兰科、禾本科、莎草科、灯心草科、百合科、鸢尾科、石蒜科等，这些要素依然很复杂。现实中有很多系统要比这个系统还要复杂。

为了简化这样的复杂系统，于是就有了"逐层分类"：在分类中再次分类，逐层延伸，形成大类、小类的框架结构，这也是本书主要要和大家论述的简化方法。如下图，就是通过逐层分类的方式把复杂系统简化。

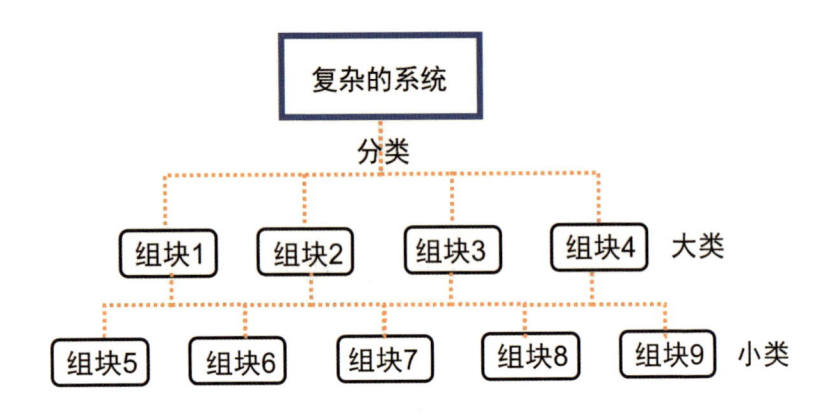

```
          ┌──────────┐
          │ 复杂的系统 │
          └──────────┘
               分类
   ┌────────┬────────┼────────┬────────┐
┌──────┐ ┌──────┐ ┌──────┐ ┌──────┐
│ 组块1 │ │ 组块2 │ │ 组块3 │ │ 组块4 │   大类
└──────┘ └──────┘ └──────┘ └──────┘
┌──────┐ ┌──────┐ ┌──────┐ ┌──────┐ ┌──────┐
│ 组块5 │ │ 组块6 │ │ 组块7 │ │ 组块8 │ │ 组块9 │   小类
└──────┘ └──────┘ └──────┘ └──────┘ └──────┘
```

这样逐层分类的方式能够简化复杂的系统而且有效保留要素之间的联系。为什么说这样的结构简单且有效呢？主要有以下两个原因。

1. 大大压缩系统信息量

我们通过分类把复杂、包含无限信息量的系统拆解成若干组块。让精简的要素代替原来庞大的系统信息。这种方式可以帮助我们更快、更容易抓住主要要素。

2. 保留、简化联系

我们可以看到，即使被简化了，每个组块依然存在逻辑紧密联系在一起。从下面第 1 个图中我们可以看到，图中红线从最顶端的复杂的系统出发，沿着红线我们可以找到任意一个组块，这些组块不会与系统"断裂"。从下面第 2 个图中我们可以看到，组块之间的关系也被简化了，任意两个组块之间（图中红线）的联系一目了然。

保留联系

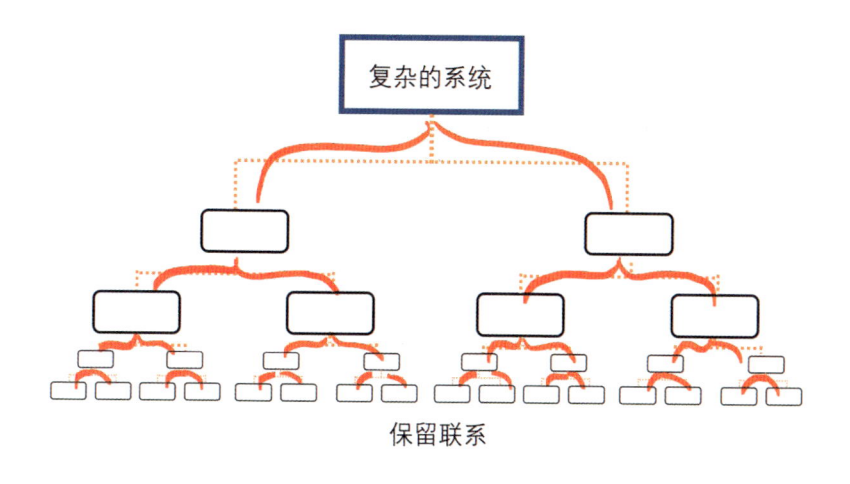

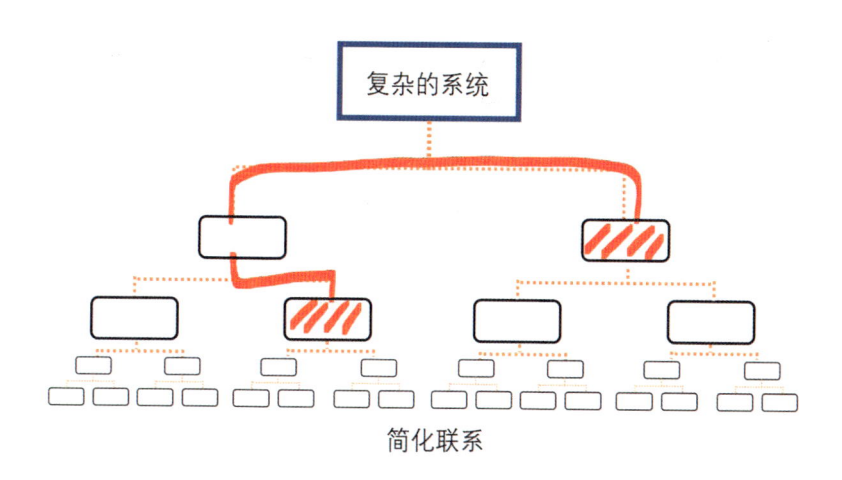

简化联系

  通过以上方式可以充分保证系统的简化，又保障了分类的有效性。用这种方式整理出来的系统模型是系统的最简形式。这就是为什么大家都习惯于用这样的方式叙述和表达。这也是我们常常说的结构化思维的基本思考方式。这样的笔记常常被称作树状图、层级图、结构图、思维导图等。

"逐层分类"的严谨性

下图表达了一个被逐层分类的系统模型。但是,尽管看起来是逐层分类,它的内容是否也真的逐层分类了呢?在构建逐层分类的时候,应该注意什么,又有什么原则?

只有内容逻辑的严谨性,才能构建出真正既被简化又有效的系统模型。

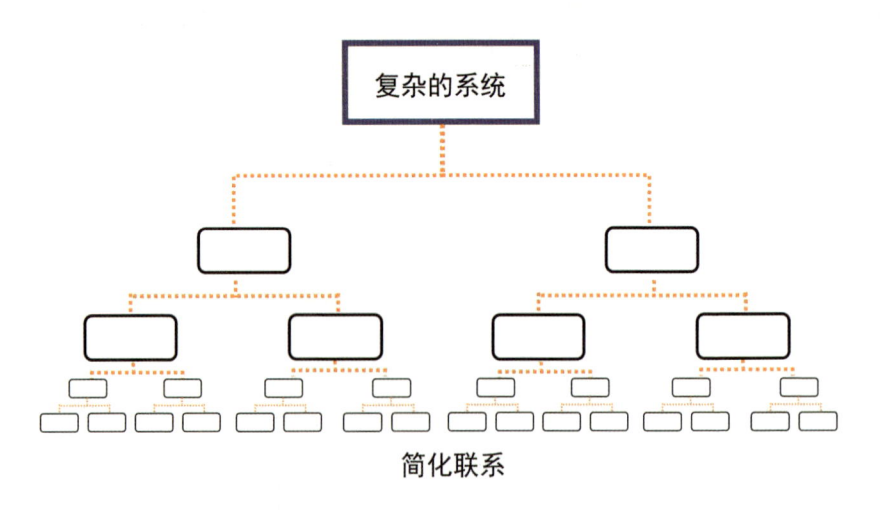

简化联系

对系统进行划分的时候要覆盖全域,完全穷尽,每个组块要相互独立。

我们说分类的目的是有效简化系统,只有穷尽了才能更全面地反映系统。例如,原本系统需要五个要素才可以解决问题,你却只归纳了四个(如下图)。这样即使系统被简化了,它也是无效的。系统模型要素的遗漏会导致系统预演的出错。为了避免出错,必须保证穷尽系统要素。

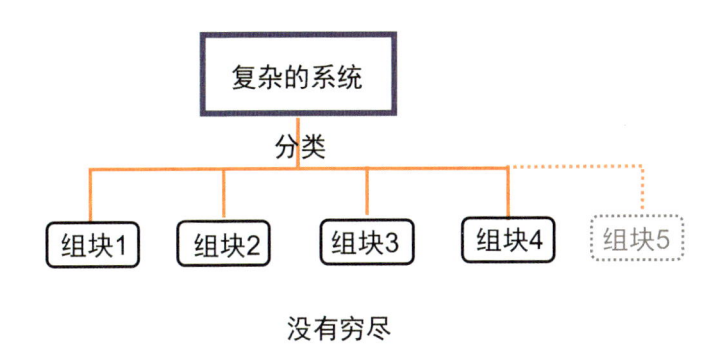

```
        ┌──────────┐
        │ 复杂的系统 │
        └──────────┘
              分类
   ┌────┬─────┬─────┬─────┐
┌─────┐┌─────┐┌─────┐┌─────┐┌─────┐
│组块1││组块2││组块3││组块4││组块5│
└─────┘└─────┘└─────┘└─────┘└─────┘
            没有穷尽
```

组块只有独立了，它们之间的关系才能更加简单，任何一个组块之间只能有一种关系。这样的结构是系统最简化的笔记表达方式，如果面对的系统是个项目，逐层分类则是项目最简化的表达方式；如果你面对的系统是一本书，那么逐层分类也是书中内容最简化的表达方式。你可以用这种方式对一切复杂系统进行简化。

在一些做笔记的方法中，建议在逐层分类中标出组块之间的关系（如下图中的红箭头）。如果你这么做了，那它便不是系统最简化的结果了，这是不利于我们对系统的研究的。只有分类达到相互独立、完全穷尽这两个要求，逐层分类才能为有效还原、简化复杂系统提供重要的保证。要用笔记表达正确的意义，前提是我们有正确的思维，否则笔记就会出现只是自己觉得正确，别人却看不懂的尴尬局面了。

复杂的系统

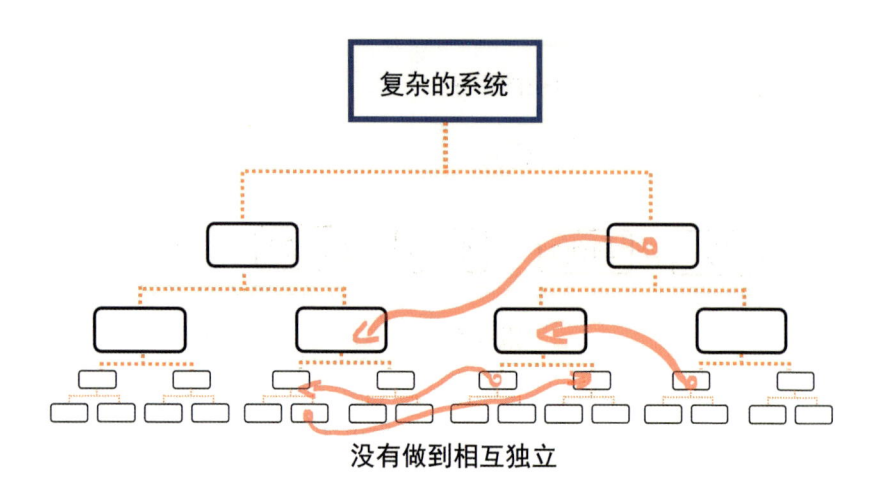

没有做到相互独立

系统模型虽然可以更好地帮助我们认知系统，但是任何模型都只能做到尽可能贴近事实，永远做不到与事实完全一致。对同一个系统分析的角度不一样，组成的要素和联系也都不同，这就是对同一个系统的探索可以永无止境的原因。

现在，我们可以通过计算机等工具处理庞大而复杂的数据，但是我们仍十分依赖这种认知方式，而且大脑强大的信息分类归纳能力是其他任何机器（包括人工智能）都难以比拟的。

第三节 系统思维

正因为系统的复杂性,所以大家都会觉得系统很抽象,很难理解。实际上,不管大系统还是小系统,系统本身就是分类的结果,系统也是人赖以使用的认知方式。我们做的每一件事,都可以看作是在与系统打交道。

如果你正在学瑜伽,那瑜伽运动是一个系统;你在某单位工作,你的工作任务是一个系统;你玩某个游戏,游戏是一个系统;甚至你在厨房做一道菜,制作过程也是一个系统。当你关注某一事物的运作规律和方法的时候,该事物就可以看作系统。

如果你知道系统如此常见,是不是不再恐惧"系统"了呢?

不管是瑜伽、工作任务,还是游戏,我们都希望探索清楚这些大大小小系统之后并找到规律,从而"征服"它达到自己的目的。系统与我们密切相关,我们每个人与生俱来都有应对系统的能力。不管是大系统还是小系统,都有相类似的属性与处理方式。把所有要事都看作系统对待,这就是我们说的系统思维。

我们常说系统思维是一种思考方式,需要我们每个人都去学习。但是事实上,每个人与生俱来都在用系统思维处理大大小小的各种问题。只不过很多时候,我们往往对那些极其熟悉的事物会用系统思维的方式思考,而当面对新问题的时候,我们却忘记系统思维这一回事了。我们原有的系统思维成了自然的反应,我们并不了解它的规则,也没有刻意的过程,所以遇到"难事"的时候这种"本领"就销声匿迹了。

所以,在我看来,**系统思维不仅是思考的方式,更是一种信念**。你必须坚信面对复杂的系统，我们应该通过分类解决，于是在困难面前要学会分类思考；你必须坚信系统是极其复杂的，蕴含着未知的可能，于是有了创新；你必须坚信系统的复杂性，你面前遇到的困难一定可以在复杂系统中找到答案；你必须坚信系统只是一个人为的分类，跳出这个分类依然可能解决问题，于是跨界成为可能。

问题总能被解决

我们对系统思维有一些"官方"的理解：结构化思维、整体观、全局观等。那些拥有系统思维的人，总能用系统思维的方式解决问题。他们对待事物总有不一样的见解，跨界学习能力极强，可以非常全面地看待问题。而那些没有还养成"系统思维"的人，即使花了很多时间去学习，但是仍然会感到困难，应用起来也会感到"用不上"。

系统思维要求我们用系统的观念看待问题，对问题的解决有足够的信心。凡事往好的方面想，相信任何问题都是可以解决的。只有你觉得可能解决问题才有行动的可能，才有探索系统规律的可能。

从系统思维来看，信念要足够强。当问题出现时很多人一下子就放弃了，实际上，问题不是不能解决，而是暂时找不到方法解决。无穷复杂的系统当中，必定存在解决问题的钥匙。有了这个思维之后，你的大脑才会探索系统、了解系统。反过来说，只有我们不断探索系统，才能养成极强的系统分析能力，累积更多的认知，才能解决更多的问题。

你在工作和生活中是否常有负面的情绪？如果你现在感到苦恼、愤怒或者不公，可能是你遇到觉得很难解决的困难了，这可能正是系统复杂性带给你的。系统既是复杂的，又是充满机会的。系统的复杂性让很多人避而远之，还没进入系统就找了很多理由逃避。所以系统思维要求你在复杂系统面前要有坚定的信念，在困境中看到希望，否则你无法攻破复杂的系统。

它是结构化思维、整体观、全局观等方法的前提,也是理解系统复杂性的前提。

让跨界变得理所当然

通过对系统的了解,我们知道系统只是一种分类,而分类只是我们自己设计的。我们随时可以改变分类,这时,看待事物的角度就改变了,可能性也变得更多了。对一个系统重新分类、重新定义,也许就能有新的想法了,也就可能跨界到其他领域,找到更多解决问题的方案。

让复杂问题变得更简单

有了系统思维,当你面对难记、难理解的信息,又或者是遇到难以解决的问题时,请不要忘记对它们进行分类。分类简化是简化复杂系统最常用的手段,是我们认识系统的重要方法。当然,如何分类,从什么角度分类就是我们要学习的。系统思维要求我们学会构建模型,一是对自己的思想构建模型,让自己的思路简单化,更加清晰;二是快速构建知识的模型,让学习更加高效。

所以,不是你用结构化的思维去思考就能有系统思维,而是有了系统思维才会结构化地思考。

第四章

思维导图技术

从前面的章节我们了解到,虽然笔记的形式很多,但一般都由四个要素构成:色、线、图、字。这些要素可以组合成一种特殊的笔记形式,就是思维导图。它逐层分级的结构非常符合我们对系统简化的认知习惯。用思维导图可以帮助我们快速简化系统,同时也可以更加快速地帮助我们理解和记忆。

不过,思维导图只是一种笔记形式。必须赋予它"思维",才可以发挥应有的作用。就像我随机用偏旁组合了一个字" 薣 "。它只是看上去像是字,但却没有意义。所以要保证思维导图能有作用,我们会给思维导图设定规则和画法,这些规则和画法,统称思维导图技术。

第一节　思维导图工具

前面我们已经了解了什么是系统，怎样走出困局，如何养成系统思维。从这一章开始，我们来掌握一个有效工具——思维导图，帮助我们简化复杂系统，更好、更全面地思考。思维导图像是一个抓手，我们只需要用一张纸，一支笔，就可以打开思考的魔盒。

上一章我们讲过，"逐层分类"的方式可以帮助我们简化复杂的系统，我们常常以框架图来表示这种简化过程（如下图）。这种框架图十分清晰，但是它也有很多不足的地方。如层级过多时让解读者感觉混乱，线条生硬；排版不灵活且浪费纸张空间，不利于内容修改和添加等。当分类的内容和层级比较少的时候，框架图是一个不错的选择。

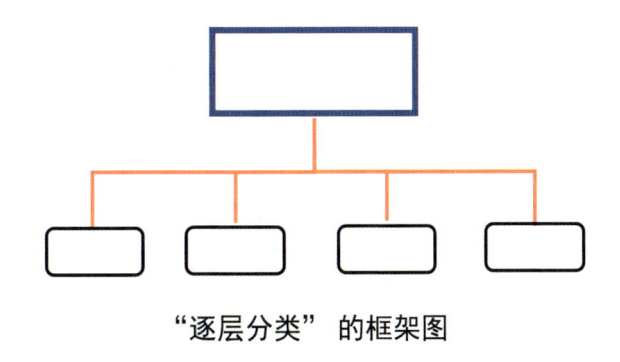

"逐层分类"的框架图

我们平时在做笔记当中，更适合用思维导图对系统进行梳理和简化（如下图）。

一页纸唤醒学习力

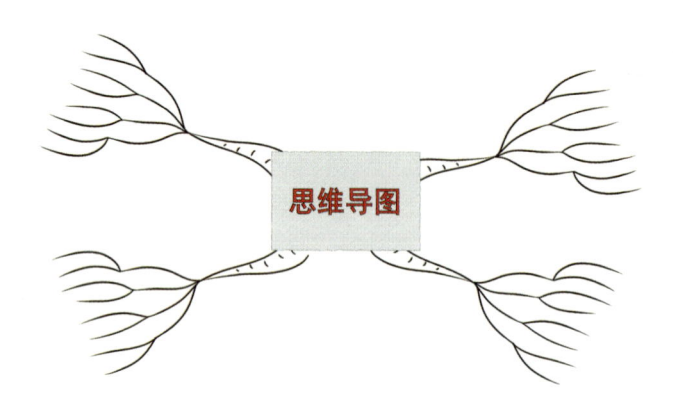

思维导图曲线的灵活性比较大,用曲线可以充分利用纸张,排版也更加自由灵活。如下图,曲线可以绕到纸张的空白处,并且不影响信息之间的逻辑关系。

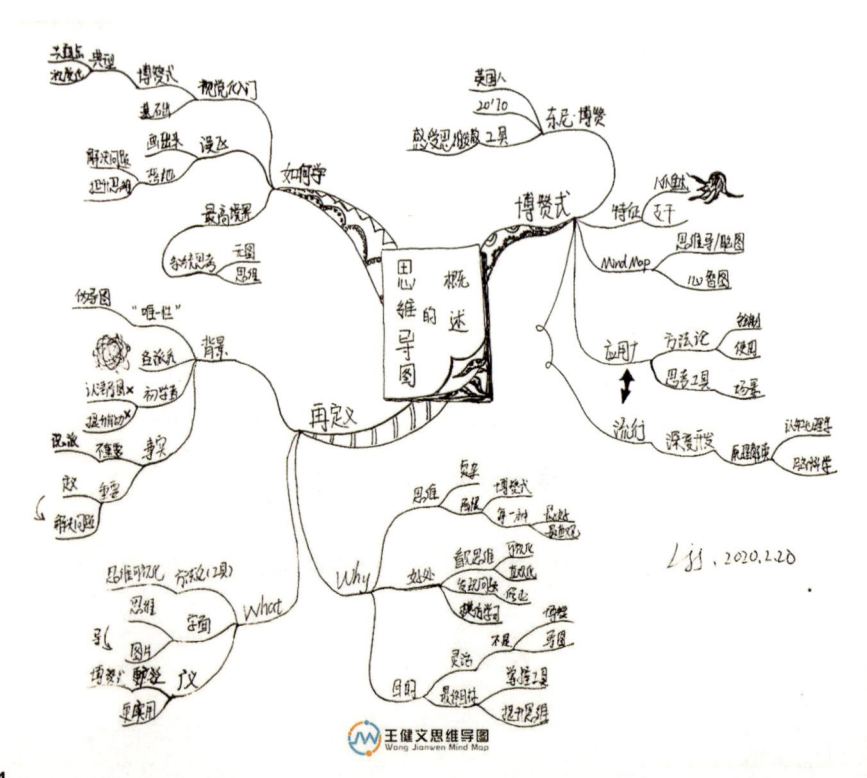

当然，如果你要处理的信息不多或者处理局部信息，可以用一个单独的枝干进行简化（如下图）。

这样的结构我们也叫作小导图，适合在内容比较少的情况下使用。

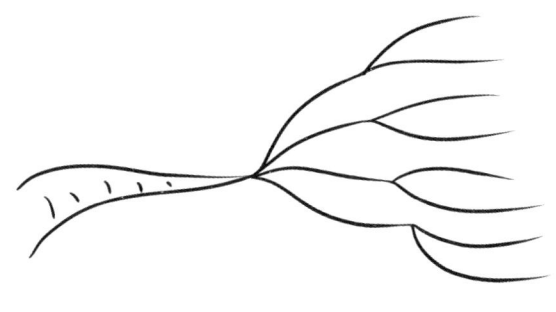

"小导图"

思维导图技术

用思维导图的逐层分类结构可以简化系统。笔记不仅要有形式层面的，还要有思维层面的，所以在思维导图中有一套规范和原则技术，以保证在具体落地应用中形式与思维保持一致，让思维导图真正起效用。正确使用思维导图能使我们在对系统简化的时候事半功倍。

1. 基本概念

（1）中心主题（中心图）：中心部分用于表达思维导图内容的核心意义，一般含有图像、关键词，在整张纸中央位置，全图中最突出的地方，强调重要性。思维导图必须画有中心主题。

中心主题包含关键词、配图两部分。

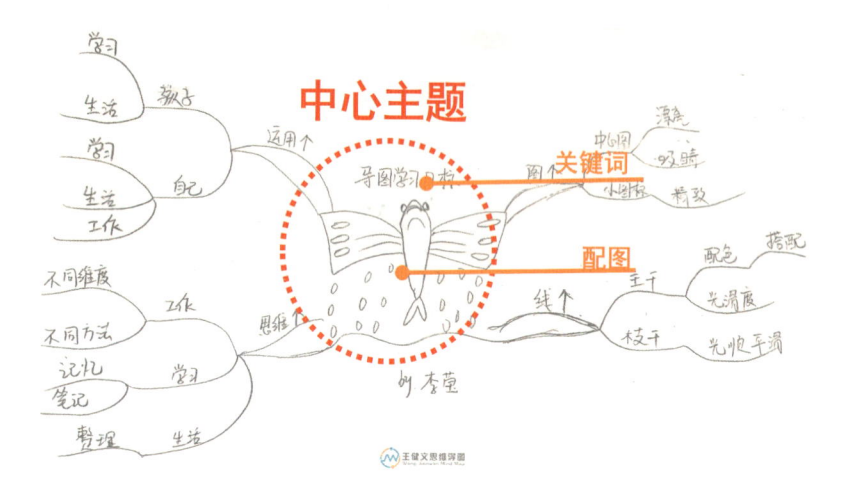

（2）分支：每一段曲线，都称为分支。

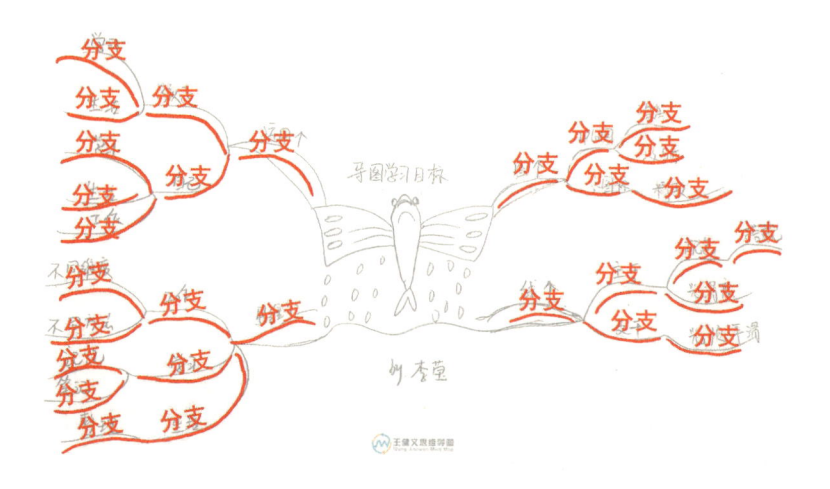

（3）层级：根据思维导图枝干的层次可以把每个分支划分成为一级分支、二级分支、三级分支……各级分支统称为枝干。每一个枝干后面的同一级别的分支集合叫作对应的层级（如下图）。

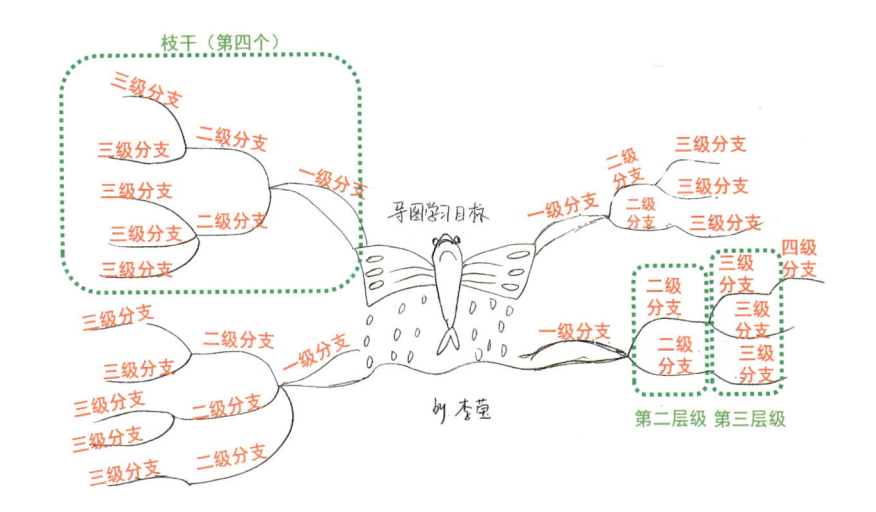

（4）关键词与收敛词：在思维导图中，所有分支上的内容都以关键词呈现。这些关键词根据其重要性和概括性会被分在不同层次的分支上，而那些具有概括性的关键词叫作收敛词。上一级关键词是下一级的收敛词，主干上的关键词则是分支中收敛性最强的关键词。

（5）导图坐标：导图坐标是用一组数字来表达思维导图某个分支的位置，就像地图上的经纬度，导图坐标把具体位置进行量化，更方便导图的书面表达和描述。

导图坐标主要由数字、括号、短横线组成，括号中从左往右数字依次表达第一层级、第二层级、第三层级……括号里的数字是对应的分支排序，如下图：

$$(\ 2-1-2\ )$$

第一层级　第二层级　第三层级

例如，导图坐标（2-1-2）表示第一层级排序为2，第二层级排序为1，第三层级排序为2的位置（下图五角星标注的位置）。

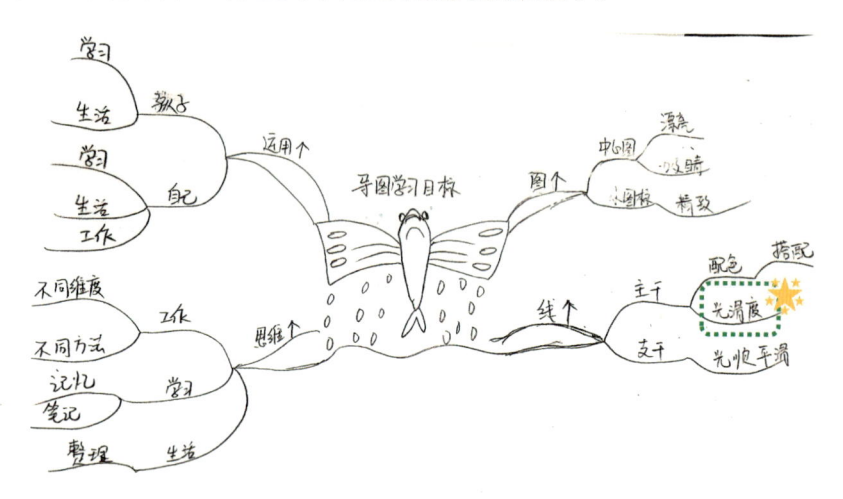

我们也可以用"0""≥"表示更复杂的位置，"0"表示整个层级，"≥"表示坐标之前和坐标之后的位置。如 A=（3-1-0）、B≥(4-1)指的分别是下图 A、B 两个区域。

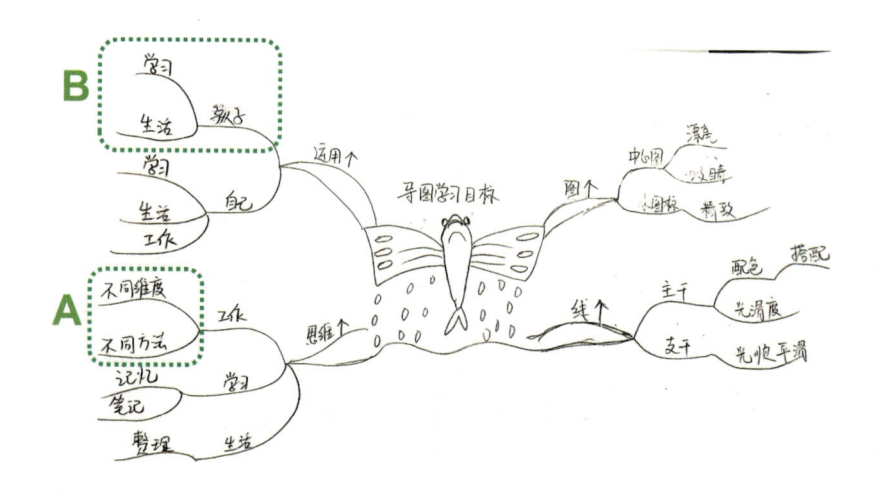

导图坐标用于对导图具体位置的表达。在一些情景当中，当我们不方便直接用手指出导图具体位置的时候，就可以用导图坐标来表达。

2. 规制规制

（1）绘制顺序：优先绘制向右的枝干，因为向右的枝干绘制时更符合我们的书写习惯，所以规定一级分支从时钟的一点钟方向开始，顺时针绘制。其他分支按照从上到下的顺序绘制。必须保证整个绘制过程遵循"先总后分，逐个击破"的原则。

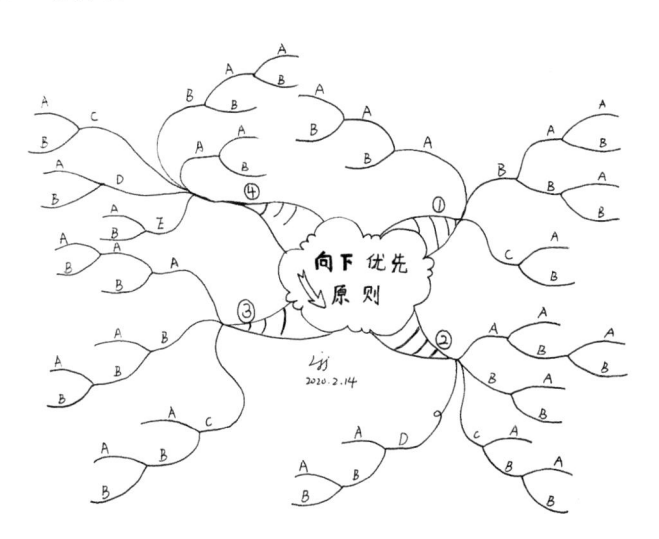

（2）文字书写：所有文字与平时书写习惯一致。从左到右书写，统一写在线的上方。必须只保留关键词，不能是句子，确保最简化。

（3）曲线：

①平滑、连续，不能断开。

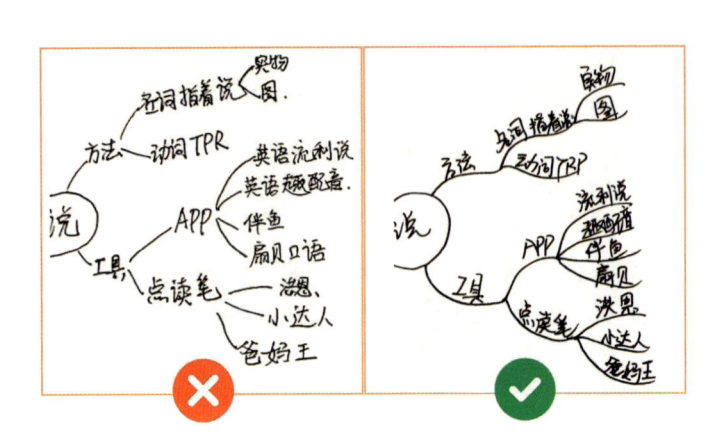

平滑连续的曲线可以让层次更加清晰，尤其是内容多的时候，可以清晰分隔开关键词，防止关键词串在一起。

②同层级分支起点一致。

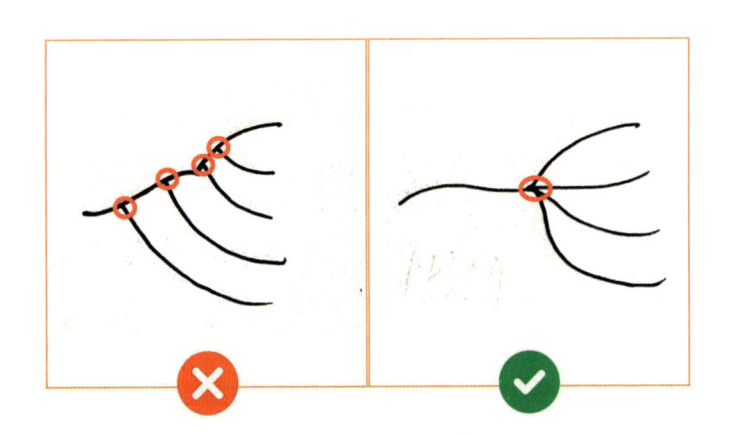

每一层级的分支，都必须从上一级分支末端发散而出，这样可以保证层级关系更加明确。

③粗细有别。靠近中心主题的曲线越重要，越需要画得粗一些，所以思维导图一级分支比较粗。

④ 一线一词。绘制思维导图是对系统的简化，每条分支上只写一个关键词。

3. 七五四原则

为了保证简化效果，思维导图分支与层级数目要符合七五四原则。

七：一级分支不超过七条；

五：次级分支同层级分支不超过五条；

四：最多只能有四级分支，层级数少于等于四个。

如果分支和层级数目超过以上原则，就应该尽可能归纳和减少。因为思维导图本身就用于简化，如果在导图上的信息太多，就失去"简化"的意义了。

第二节　思维导图逻辑原则

枝干由若干分支组成，每个分支紧密联系。对于思维导图绘制者而言，清楚分支之间的逻辑关系有利于明确要素之间的关系，可以帮助我们清晰地理解系统。对于解读者而言，了解它们之间的关系，可以有助于你读懂导图表达的意义。

我们用第二章的知识，一起看看思维导图分支之间的关系。下图是5段分支ABCDE组成的一个导图枝干结构。B、C、D、E分别通过节点与A相连，A与B、C、D、E形成的是上下级的关系；B、C、D、E距离比较紧密，是同层级关系。

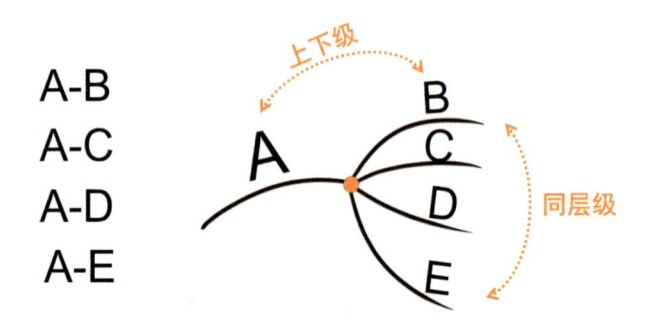

A-B
A-C
A-D
A-E

所以，我们可以看出，导图这样的一个分支组合结构，主要表达两种关系，一种是上下级关系，另一种是同层级关系。

1. 上下级构成分类角度

上下级主要表达分类的角度，它们可能是What、Why、How、When、

Where、Who 六个角度。为了方便记忆我把它们分成三类：时间、因果（果因）、整体与局部。上下级关系不确定，就会出现分类错误、逻辑混乱等情况，不利于思考与表达。

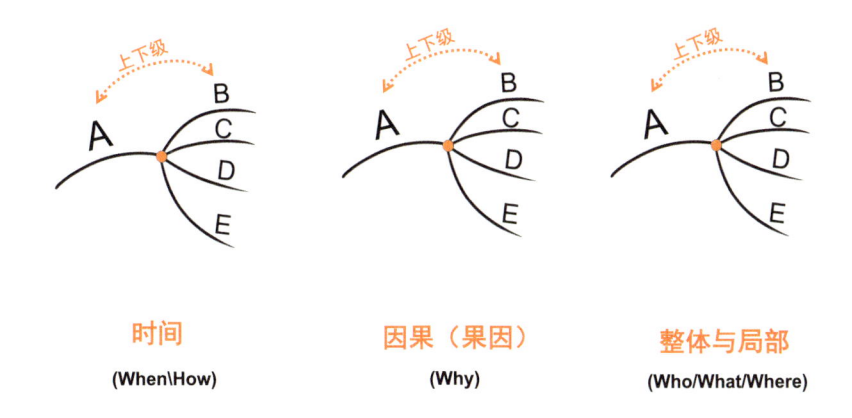

时间
(When\How)

因果（果因）
(Why)

整体与局部
(Who/What/Where)

很多思维导图学习者都会掉进忽略上下级关系的误区，单纯地将句子拆分，把词语拼接在一起（下图左侧）。这样就彻底失去了绘制思维导图原本的意义：逐层分类。

另外，我们可以看到思维导图是思维的抓手，通过思维导图我们可以

了解绘制者的思维过程,如果发现问题,就可以及时调整和进行针对性训练。这在教育教学、项目规划等过程中可以起到有效辅助的作用,便于及时发现问题和解决问题。

我们一起来看看导图中上下级的关系都是怎样的。

①时间。

从时间角度进行分类的时候,A 表达一个时间周期的概念,B、C、D、E 为周期的构成部分。下面三个图都是用时间表达上下级之间的关系。我们一般理解的时间就是年月日,事实上除了这些,时间还可以表现为不同状态、不同事物、先后顺序、步骤等。

很多思维模型都会从时间角度来分类,比如我们常见的戴明环(如下图)。

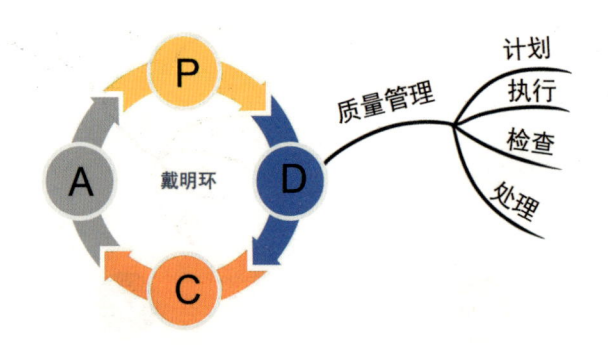

②因果（果因）。

如果 A 是一个系统，那么 BCDE 是系统形成的要素或是系统导致的结果。因果（果因）是按照因、果角度对事物进行分析，找到其因果关系，以更好地发现规律。因果关系，指上级是因，下级是果；果因关系，指上级是果，下级是因（如下图）。

因果关系，如熬夜的结果是皱纹、黑眼圈、肥胖（如下图）。

果因关系，如要健康就要多吃水果、多锻炼、早睡早起（如下图）。

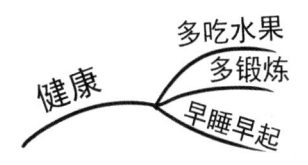

导图枝干的结构也可以用于表示三段论的推理过程（如下图）。

导图的这种枝干只适合表达一个因（果），多个果（因）的情况，对于多个因，多个果的表达，我们运用第二章的原理，可以用以下结构表达。

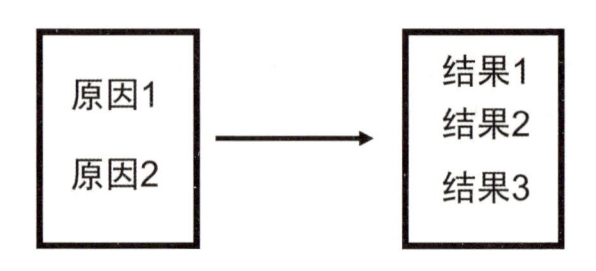

```
[原因1        ]  →  [结果1
 原因2        ]      结果2
                     结果3]
```

思维导图是系统的简化形式，如果我们关注的复杂部分正是我们需要的，那我们还是需要保留其复杂关系，以便更好地分析系统。不同的需求有不同的表达方式，并不是说必须要用某种形式的笔记表达，而是理解视觉符号的原理，构建最清晰、最合适的笔记形式。

③整体与局部。

如果 A 是一个系统，则 B、C、D、E 是系统的要素，它们组成系统的内部结构。我们常常通过这种整体与局部对系统进行研究，了解系统整体与局部运作的规律（如下图左）。比如把树分为叶子、树枝、树干、根部（如下图右）。

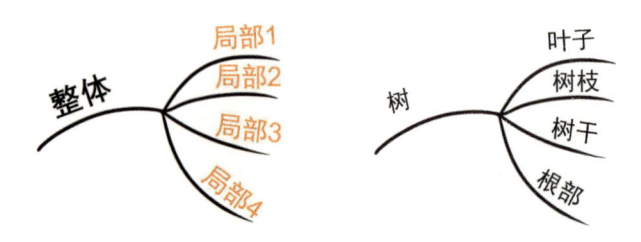

```
整体 ─┬─ 局部1        树 ─┬─ 叶子
      ├─ 局部2             ├─ 树枝
      ├─ 局部3             ├─ 树干
      └─ 局部4             └─ 根部
```

这种分类的方式不仅被用在比较形象的事物中，一些抽象的事物也会用这种方式进行分类（如下图）。

大树	地理位置
树叶、树干、树根	北京、上海、广东……
空间	身体结构
东、南、西、北	头、身、手……

形象
·············
抽象

一个完整的故事	竞争力
起因、经过、结果	内部、外部

一件清楚的事
是什么、为什么、怎么样

2. 同层级构成的类别关系

从下图的分支组成结构上看，B、C、D、E 构成并列关系，则我们在书写内容上也要保证 B、C、D、E 的并列关系。

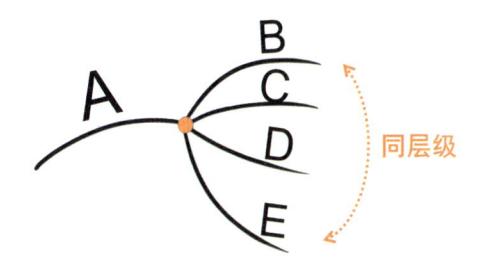

① 一致性。

导图的目的是把信息简化，B、C、D、E 一致性越强，信息简化程度越高。B、C、D、E 越是一致，它们的关系越紧密，越容易记忆。所以在构建同级分支的时候，要尽可能保证一致性：属性、角度、字数甚至词性一致。

当然，这是理想状态。在实际应用中，要把导图的每个层级都整理成这样，是十分困难的。

②完整性。

完整性是指 A=B+C+D+E，就是保证分析要素的完整。这也就是保证"逐层分类"严谨性时所说的"穷尽"。

绘制思维导图时，我们要先确定上下级的关系；追求同级一致性，保证分类正确性与系统最简化。

在构建思维导图过程中，既要顾及上下级的角度，又要顾及同级的一致性和完整性，有时会感觉非常难。如果你觉得困难，可以用以下方法分阶段训练。

第一阶段，关注同级的一致性。

关注同级的一致性，一定程度上也是关注上下级的关系，因为当我们发现同级一致的时候，其实就是研究同级分支是如何分类的。所以关注同级分支的一致性是提升思考力最快、最容易入手的方式。具体我们可以从看图和绘制两方面下手。

看图：看其他人的思维导图，圈出其中符合"一致性"原则的位置。

很多人都会被那些画得很漂亮的思维导图所吸引，喜欢以是否"吸睛"为优劣的评判标准。事实上，这并不利于思维能力提升。只有关注逻辑，才能提升思维能力。

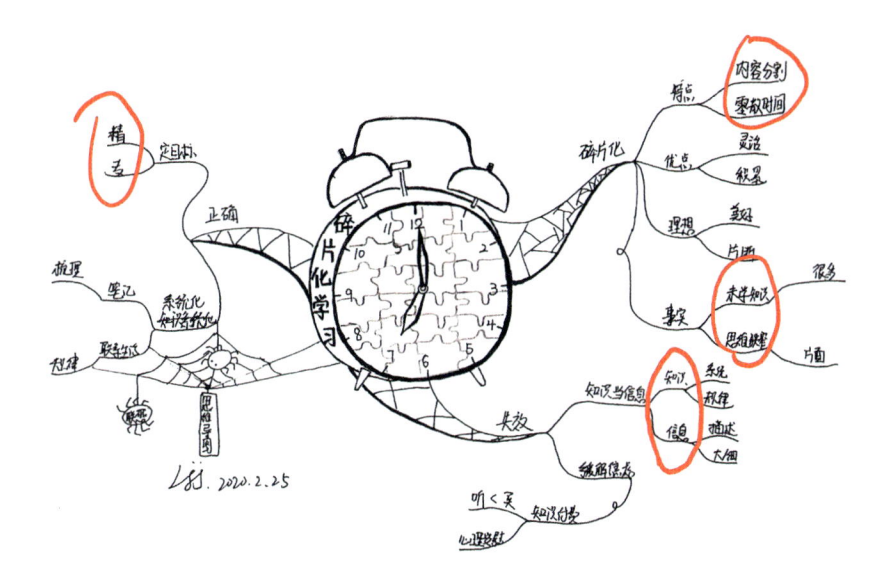

绘制：在构建思维导图逻辑的时候，尽量构建出同级分支一致性强的词语。

第二阶段，关注上下级之间的角度。

此阶段同样首先学会看，看别人绘制的导图的上下级关系，并尝试判断属于三种逻辑关系的哪一种。当你觉得同级"一致性"思维习惯培养起来的时候，就可以在画导图时思考上下级选用哪种角度进行构建。

通过这两个阶段的训练，你基本可以绘制出非常有逻辑的思维导图。当你逻辑清晰的时候，基本可以做到独立与穷尽。如果不能穷尽，那很可能是你对内容的理解有所缺失。

很多时候不是我们不想做到独立与穷尽，而是我们没有足够的经验去做到独立与穷尽。这时，花再多的时间去研究独立与穷尽只会徒劳，只有了解系统才是解决问题的根本。

思维导图技术可以帮助我们对信息进行深度加工，快速有效地简化系统，是非常有效的系统认知工具。但是导图的规则是保证简化结果有效的重要前提，不是随便把内容写在分支上就完成了思维导图。所以在使用思维导图的时候，必须按照上面的原则执行。

简化的意义所在

用思维导图技术，我们可以把信息最简化，并让阅读者理解思维导图所表达的意义。下面这张导图表达了烧烤准备工作，从食物、工具、节目、事项准备四个角度阐述，非常清晰地展示了整个烧烤需要准备的内容。

为什么思维导图对原信息大量删减简化，我们还能读懂它们的意思呢？为什么我们阅读思维导图的时候，会有清晰、好懂体验呢？因为我们是通过"脑补"理解那些被简化掉的信息的，它是大脑自动进行的过程。用最少的信息理解最多的意义，是十分高效的思考过程，也是大脑喜欢的信息处理方式。

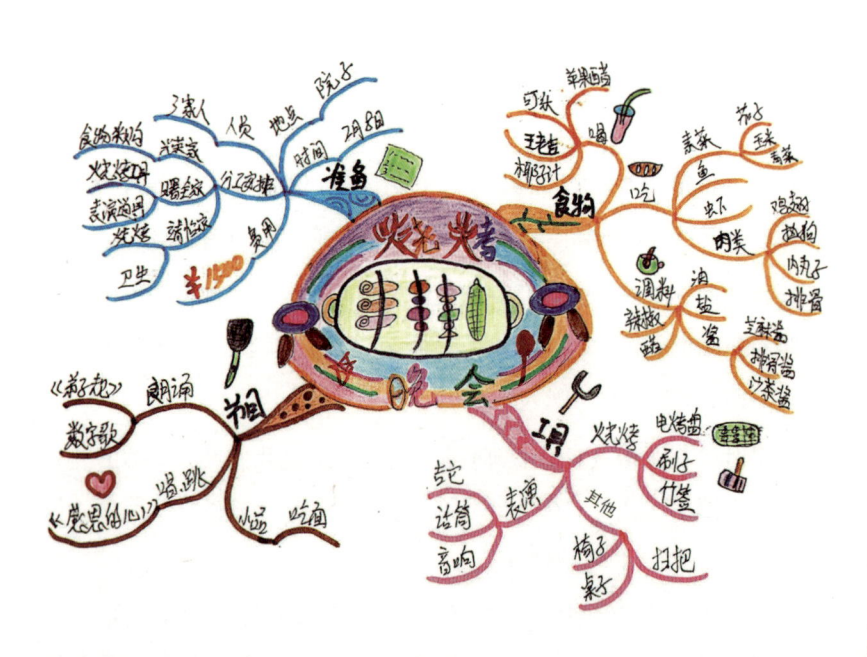

对于思维导图的构建者而言，简化复杂的信息能够帮助他深入理解信息的意义。凌乱无规则的信息通过大脑思考之后，形成有序、有规则的思维导图。大脑在这个过程中必须不断理解、重构信息，进行深入思考。所以自己整理出来的思维导图，永远比看其他人的导图理解要深刻，记忆要持久。

简化的后遗症

当然，对于解读者来说，"脑补"并不是每次都那么顺利。当大脑缺乏相应经验的时候，"脑补"可能就失效了，这时，可能只有思维导图的构建者才能读得懂了。

我们看一个被简化的内容（下图），你可以解读出什么意义？

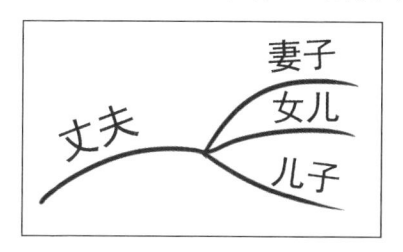

看到这样的结构你可能有点摸不着头脑。作者会告诉你，这是一个活动分组的情况，丈夫是组长，组员有妻子、女儿和儿子。

简化虽有很多优点，但是它也有不足之处。这就要求我们在不同场景、不同读者面前，需要调整思维导图详细程度，或者添加文字（下图）、注释对导图内容补充，让读者能够更好地理解。当然，如果你追求精准性，那么用纯文字笔记来表述是最佳的选择。

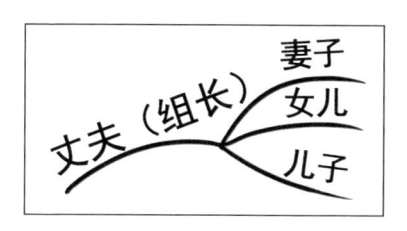

第三节　思维导图学习法

文字是表达意义最精准的视觉符号，所以很多内容都是以文字为主的方式呈现的。表达精准的文字也会产生相应的问题：信息量大。读者面对大量复杂的文字信息应该怎么办？

用系统思维复杂的问题，第一时间要想到分类简化。用思维导图技术可以帮助我们更好地理解文字信息，达到高效学习的目的。例如，用思维导图把书中的知识梳理之后，你会有"清晰了""好记了"等学习体验。整理思维导图的过程是不断调用认知模型，与旧认知模型发生关联的过程。思维导图反映的既是知识的结构，更是绘制者对知识的理解。理解不一样，呈现的结果也不一样。

在日常学习、工作、生活当中，我们可以用思维导图整理文字知识，也可以用它来梳理你对某件事的想法。这是思维导图最基本、最常用的两种用法。虽是两种用法，实际上是一个原理。目的都是简化复杂系统，训练系统思维方式。

思维导图做知识简化

我们可以通过四个步骤完成文字信息的梳理：理解、确定框架、逐层分类、回顾。下面用一个地理知识（摘自人教版高一《地理》课本）来举例说明。

影响人口迁移的因素

人口为什么要迁移？人口迁移究竟受哪些因素的影响？人口是否从某一个地区迁移到另外一个地区，要看迁入区是否有吸引力，而这种吸引力可能因环境或个人的价值观的变化而变化。一般认为，人口迁移是人们对特定环境中一系列自然的、经济的和社会的因素的综合反映。

地区之间自然环境的差异，以及自然环境的变化，对人口迁移有重要的影响。在影响人口迁移的各种自然环境因素中，气候、土壤、水和矿产资源等是最主要的。自然灾害有时也会促发人口的迁移。20世纪80年代非洲撒哈拉地区的大干旱造成成千上万的环境难民。在历史各个时期，世界各地都出现过因旱涝、地震、火山喷发等自然灾害引起的大规模移民的现象。

经济因素对人口迁移的影响是多方面的，其中经济发展、交通和通信等是主要的因素。不论是过去几个世纪具有历史意义的人口向新大陆的迁移，还是如今人口频繁地从欠发达地区向发达地区的迁移，都是为了寻求更多的改善物质生活条件的"机会"，获得更好的经济待遇，改善个人及家庭生活。

政治、文化等社会因素对人口迁移有着特殊的影响，其中政策、社会变革、战争和宗教等是重要的影响因素。历史上的两次世界大战和地区性武装冲突都促使人口发生迁移。1947年的印巴分治促使上千万穆斯林从印度迁往巴基斯坦。

在影响人口迁移的诸多因素中，经济因素往往起着主导作用。但在某种特定的时空条件、任何一种因素都有可能成为人口迁移的决定性因素。

第一步：理解。

通读全文，不难理解这段文字介绍的是影响人口迁移的因素。内容不多，我们可以选择用前面介绍的"小导图"来完成。

第二步：确定框架。

找出框架内容。这个步骤要运用好文字内容中已有的框架（笔记中的组块），根据已有的框架，对内容整理、合并。整理框架的时候，要用简化的思维，这样可以更加容易找到要素之间的关系。我们先找出文字中的组块情况，然后在每个组块中找出一个收敛词。不难看出此文字中以段落组块划分内容（如下图各红色区域）。

影响人口迁移的因素

> 人口为什么要迁移？人口迁移究竟受哪些因素的影响？人口是否从某一个地区迁移到另外一个地区，要看迁入区是否有吸引力，而这种吸引力可能因环境或个人的价值观的变化而变化。一般认为，人口迁移是人们对特定环境中一系列自然的、经济的和社会的因素的综合反映。

> 地区之间自然环境的差异，以及自然环境的变化，对人口迁移有重要的影响。在影响人口迁移的各种自然环境因素中，气候、土壤、水和矿产资源等是最主要的。自然灾害有时也会促发人口的迁移。20世纪80年代非洲撒哈拉地区的大干旱造成成千上万的环境难民。在历史各个时期，世界各地都出现过因旱涝、地震、火山喷发等自然灾害引起的大规模移民的现象。

> 经济因素对人口迁移的影响是多方面的，其中经济发展、交通和通信等是上要的因素。不论是过去几个世纪具有历史意义的人口向新大陆的迁移，还是如今人口频繁地从欠发达地区向发达地区的迁移，都是为了寻求更多的改善物质生活条件的"机会"，获得更好的经济待遇，改善个人及家庭生活。

> 政治、文化等社会因素对人口迁移有着特殊的影响，其中政策、社会变革、战争和宗教等是重要的影响因素。历史上的两次世界大战和地区性武装冲突都促使人口发生迁移。1947年的印巴分治促使上千万穆斯林从印度迁往巴基斯坦。

> 在影响人口迁移的诸多因素中，经济因素往往起着主导作用。但在某种特定的时空条件、任何一种因素都有可能成为人口迁移的决定性因素。

从每个组块中找到一个收敛词（如下图），概括相应的组块内容。收敛词尽可能在原文中找，因为笔记构建者所使用的词语，一般来说是最能准确体现其思想的。但是这也不是绝对的，由于文字内容的意义与笔记构建者的表述方式、解读者的理解角度相关，因此导致有些内容的收敛词不好找。如果在原文实在找不到了，那就自己概括总结。这个案例的文本结构还是比较清晰的，基本上笔记中呈现出来的组块，正好就是整个文字内容的结构。

影响人口迁移的因素

人口为什么要迁移？人口迁移究竟受哪些因素的影响？人口是否从某一个地区迁移到另外一个地区，要看迁入区是否有**吸引力**，而这种吸引力可能因环境或个人的价值观的变化而变化。一般认为，人口迁移是人们对特定环境中一系列自然的、经济的和社会的因素的综合反映。

地区之间**自然环境**的差异，以及自然环境的变化，对人口迁移有重要的影响。在影响人口迁移的各种自然环境因素中，气候、土壤、水和矿产资源等是最主要的。自然灾害有时也会促发人口的迁移。20世纪80年代非洲撒哈拉地区的大干旱造成成千上万的环境难民。在历史各个时期，世界各地都出现过因旱涝、地震、火山喷发等自然灾害引起的大规模移民的现象。

经济因素对人口迁移的影响是多方面的，其中经济发展、交通和通信等是上要的因素。不论是过去几个世纪具有历史意义的人口向新大陆的迁移，还是如今人口频繁地从欠发达地区向发达地区的迁移，都是为了寻求更多的改善物质生活条件的"机会"，获得更好的经济待遇，改善个人及家庭生活。

政治、文化等**社会因素**对人口迁移有着特殊的影响，其中政策、社会变革、战争和宗教等是重要的影响因素。历史上的两次世界大战和地区性武装冲突都促使人口发生迁移。1947年的印巴分治促使上千万穆斯林从印度迁往巴基斯坦。

在影响人口迁移的诸多因素中，经济因素往往起着主导作用。但在某种特定的时空条件、任何一种因素都有可能成为人口迁移的**决定性**因素。

接下来，根据这些收敛词整理出文章的框架（如下图）。

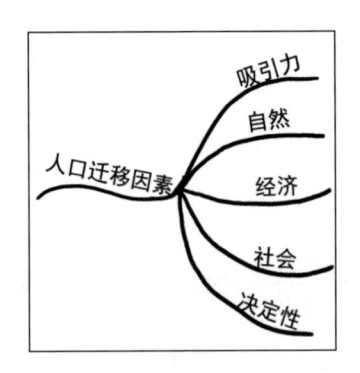

整理框架的时候，可以根据你对文字内容的理解，适当合并、删减、重组，构建一个符合你理解的、简化的框架。这个案例第一自然段概述影响人口与迁移的因素都有哪些，并提出迁移是由迁入区吸引力决定的。而最后一个自然段是总结与补充，告诉我们不管哪一个因素都有可能成为人口迁移的决定因素，但是往往经济因素是主要的因素。

所以，我们把第一段与最后一段内容合并，重构了框架（如下图）。

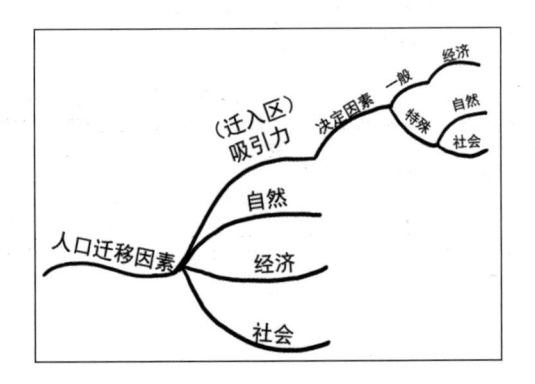

第三步：逐层分类。

完成了框架之后，在对应的组块中找出关键词，并根据关键词收敛性强弱进行排序。收敛性强的放在上一级分支，弱的放在下一级分支，并列关系的放在同一层级。用这种方式，对文字内容进行逐层分类。整理的过程并不是一蹴而就的，一般会经历不断重组、修改、合并的过程（如下图）。

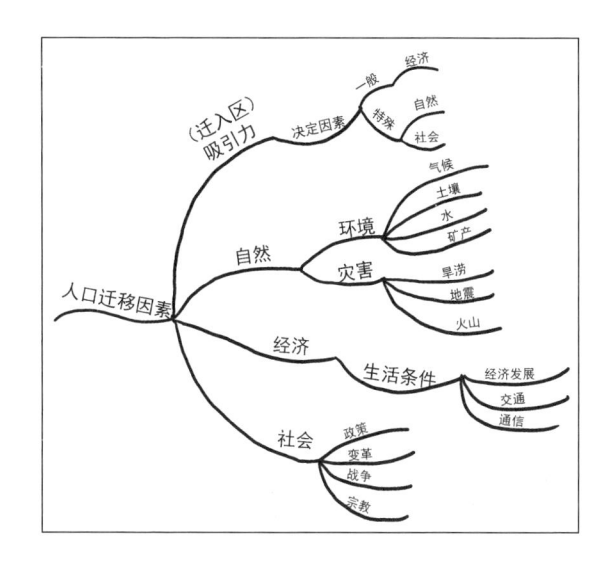

不知道大家有没有发现，上图中最终整理出来的导图与原来文字相比，省略了很多内容，而且也符合导图的逻辑原则。对于刚开始学习导图的人来说，思维导图绘制有两难，一是取舍难；二是逻辑整理难。

关于取舍。我在做思维导图培训的时候，学员常常会问"这张图的标准答案是什么？"好像没看到标准答案，心里就不踏实一样。在选择关键词的时候，也很纠结取舍，不知道关键词要留还是要去掉。

找标准答案是我们从小养成的思考习惯，事实上我们真正的生活和工作，哪有什么标准答案。这也是系统思维告诉我们的，任何一个事只有角度和立场的不一样，没有什么标准答案。

很多人会把这种思考习惯带进职场，甚至跟随自己一辈子。如果凡事只追求标准答案，而对立场和角度不闻不问，那呈现出来的只会是缺乏独立思考力，这样如何应面对复杂的问题？

所以，找标准答案的习惯必须要摒弃。画思维导图的时候，应该问自己为什么要画这张思维导图，哪些内容对自己更重要。所以，对那些找我寻找"标准"答案的学员，我会让他告诉我他是怎样画出来的、是怎样理解的。学员常常能够说出非常有见解、角度新颖的解释。

关于整理逻辑。如果你觉得词语之间的结构难以整理，可以先关注同层级逻辑关系，通过一段时间的练习，你会发现自己的逻辑能力明显提升。

如果希望提升自己的思考力，必须按照思维导图的逻辑原则绘制思维导图。像下面的简化过程，只是把关键词简单地断开拼接，没有取舍，没有层次，也没有逻辑重构，这对思考力培养作用就不大了（如下图）。

```
社会因素 —— 政策 —— 变革 —— 战争 —— 宗教
```

思维导图的逻辑性与理解程度密切相关。整理导图的过程实际上是细致理解的过程，理解得越细致准确，越能构建出符合逻辑原则的导图。很多时候用有限的文字是很难全面论述观点的。所以有时候对于不好理解的材料，还需要翻查相关资料辅助理解。只有理解文字内容了，才能梳理出好的结构。

当然，不是所有内容都要花大量时间精读理解，具体要看内容的重要性。例如，学生需要认真学习专业知识、工人需要掌握工作的某项技能等。翻查资料的过程，是在做知识的补充和学习的过程，也是对你未理解透彻的知识进行的补充和巩固。如果你是一名教师，通过学生绘制的思维导图可以看出学生对内容理解的程度，帮助你了解学生的学习状态与理解程度。

第四步：回顾。

画完思维导图之后，通过"脑补"对内容进行回顾尝试把原文字内容复述出来。这个过程一是检验导图构建的逻辑是否清晰；二是帮助我们记忆原文字内容。

如果这段文字内容是全部需要记忆的，可以用手掌"逐层级遮挡回顾"的方式逐步加大回顾难度，最后把内容全部记忆下来（如下图）。

思维导图就像个抓手，不断尝试构建认知模型，当你能用最少的输入，就可以完全将内容"脑补"出来的时候，也就记住了。"逐层级遮挡回顾"有点类似"填空题"，让大脑不断构建认知模型适应新信息输入，可以快速帮助记忆。遮挡的时候注意按照由主干到次级分支的顺序进行。

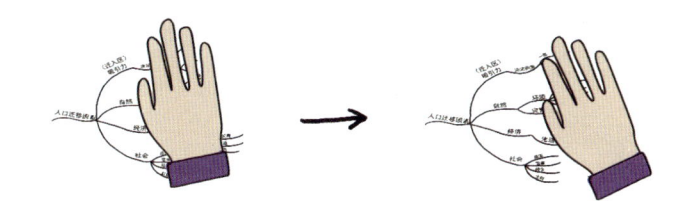

用思维导图简化的四个步骤：理解、确定框架、逐层分类、回顾。这种简化适合于任何知识的学习。每一次这四个步骤都要落实，至于每个步骤要完成得多么精细，要看自己的需要。

思维导图搭建系统模型

我们用上面的方法可以大大提高学习效率，对知识的吸收与记忆都有很大的帮助。从系统思维的角度来看，就是对系统简化，梳理出系统脉络的过程。但是有时候我们还需要借助已有的经验找出要素，搭建新的系统。这就要学会系统的搭建方法了，它分为四个步骤：收集、逐层分类、细化、回顾。

第一步：收集。

首先把你要构建的主题用一句话写在纸的上方，这里注意用一个句子而不要用词语。因为构建的时候，目标非常重要，很多时候我们很容易想着想着就偏离主题，忘了原来要做什么、要解决什么问题了。用词语表达过于宽泛，很容易偏离原意。所以用一句话表达，能让你的目标更加明确。例如中秋节当天比较忙，我希望用导图梳理一天的计划（如下图）。

中秋节当天待办事项

接下来尽可能收集相关想法，至少10点。

中秋节当天待办事项

1. 买水果
2. 修改二阶线上课
3. 去父母家吃饭
4. 批改作业
5. 为一初中孩子找杭州导图老师
6. 买礼物
7. 课件制作
8. 写书2000字
9. 发祝贺短信
10. 外出购物做午餐

这一步骤也可以在团队中以头脑风暴的方式进行。书写的时候,用词语、句子都可以。不需要刻意用关键词,因为收集想法的时候信息常常是模糊的,如果只写关键词,可能过一会儿就忘记关键词表达的具体意义是什么了。这一点对较复杂、需要较长时间构建的系统尤其重要。就像我在写本书的时候,用印象笔记收集了上万条的想法。有些想法因为当时记录得太简单,无法还原,后来只能废弃了。所以在收集想法的时候不要太在意用词语还是句子,最重要的是表达清楚你的想法,这些想法是构建系统的素材。

第二步:逐层分类。

收集到素材之后,我们对素材进行简化,思路与上面做知识简化的步骤相类似。把想法分类分层,让它变成最简形式。这个时候拿起你的彩色笔,把相同类别的想法圈起来。如果你的想法很多,那也可以在电脑的文档中操作(改变字体颜色)。

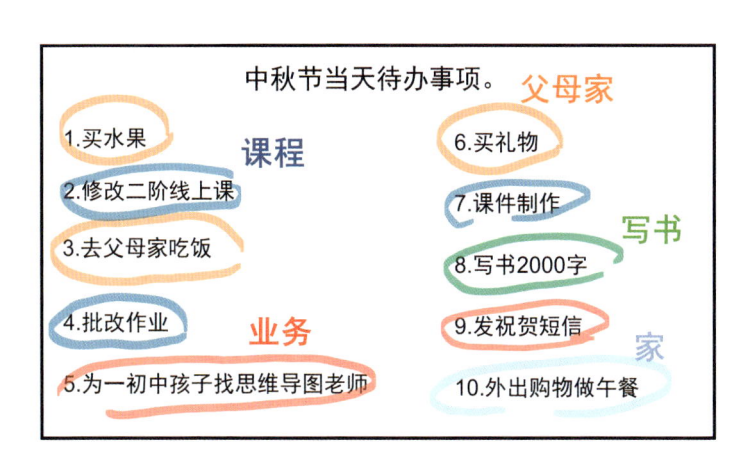

中秋节当天待办事项。

1. 买水果 —— 课程
2. 修改二阶线上课
3. 去父母家吃饭
4. 批改作业 —— 业务
5. 为一初中孩子找思维导图老师
6. 买礼物 —— 父母家
7. 课件制作
8. 写书2000字 —— 写书
9. 发祝贺短信 —— 家
10. 外出购物做午餐

接下来分类分层,整理成思维导图。这个过程的目标是把想法简化,尽可能要遵守思维导图的逻辑原则。因为内容不多,这里用小导图整理。

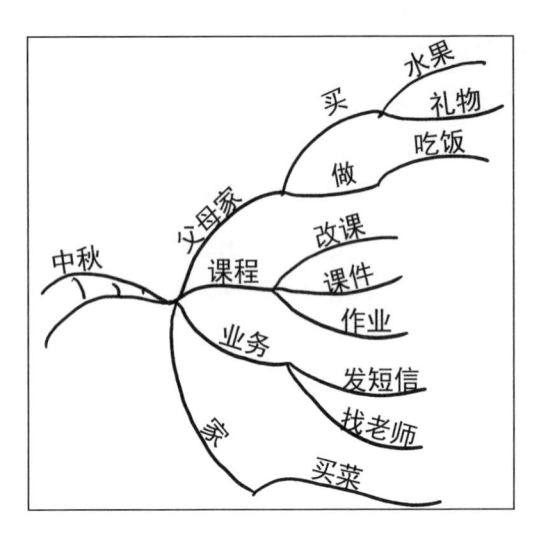

不知道大家有没有发现，通过逐层分类，我们找到了一天要做的几类大的事情：去父母家、课程设计、业务、在自己家。似乎对原来模糊的事件找到了抓手，接下来，我们就可以在这个基础上进行补充和细化，或者重新调整结构。

第三步：细化。

我们可以对内容进行细化（绿色），甚至细化到行动步骤（红色）。

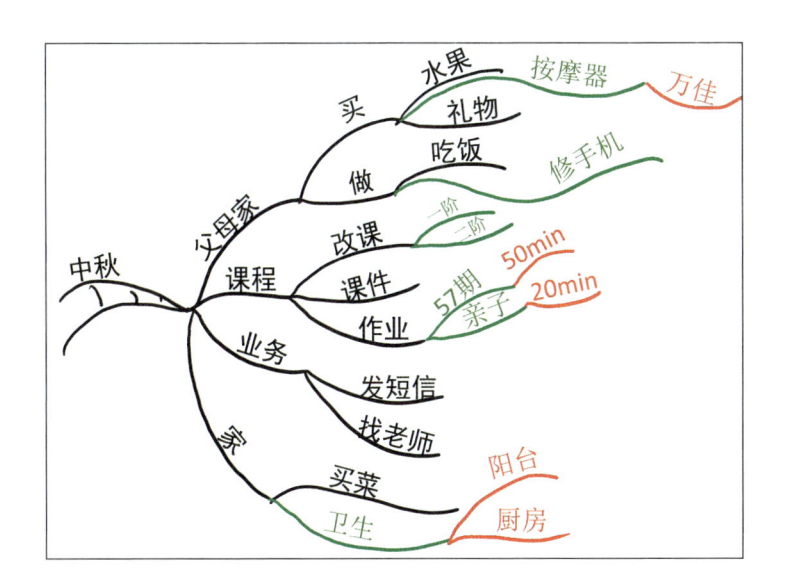

收集、分类可以帮助我们探索系统要素及其关系，细化可以让我们更深入了解系统。如果细化到具体行动，更加有利于降低我们的执行难度，增加执行力，也许它还可以治愈你的拖延症呢。

第四步：回顾。

回顾绘制出来的思维导图，检查是否齐全与完整。这个时候也可以检查整体逻辑是否能再次优化。

系统的简化与搭建，首先要读懂系统，而构建系统的过程基本覆盖了日常生活工作中的大部分认知过程，十分实用、有效，可以用于知识学习、考试、书本阅读、演讲、工作总结、经验总结、项目管理等场合，来大大提高学习和工作效率。

第五章
贴近本质的深度思考力

　　DNA 分子结构发现者之一弗朗西斯克里克（Francis.Crick）曾说过"你、你的快乐和忧伤、你的记忆和野心、你对自我的认同和自由意志的感觉，实际上不过是一大堆神经元，以及与它们相关联的分子的行为"。我们的一切认知行为，都依赖于大脑中 500 亿~1000 亿个神经元的链接和信息传递。我们的思考力源于大脑中神经元构成的极其复杂的认知网络。它们是怎样进行工作的现在在脑科学界依然是个未解之谜。我们研究人的思考力，需要把这复杂的系统简化，于是就有了从复杂的认知网络抽象出来的系统模型——认知模型。

　　我们可以不对认知模型内部运作进行探究，但是可以通过认知模型的输入、输出、调用，从认知模型角度，深入理解思考和理解的过程。

第一节　学习方法与认知模型

关于学习、思考、记忆，有非常多的方法与理论，我们明明知道它们是紧密联系在一起的，但是却很难找一个把它们统一并且能直接帮助我们提升这些能力的方法。本书从认知模型的概念出发，重构学习、思考、记忆的关系，构建一个能把学习和思考统一起来的思考体系。

概念的构建

对于一个新鲜的事情，我们无法理解它们。于是，我们就尝试用旧的概念或者认知去解释它，于是，大脑就对这个新鲜事物形成新的概念。第一个看到"螃蟹"的人不知道螃蟹是什么，后来发现它具有攻击性、无毒、在河里生存、美味等特点。攻击性、无毒、在河里生存、美味等是我们已有的认知，是旧概念。于是，通过旧概念，"螃蟹"这个新概念就在我们大脑中构建而成了（如下图）。

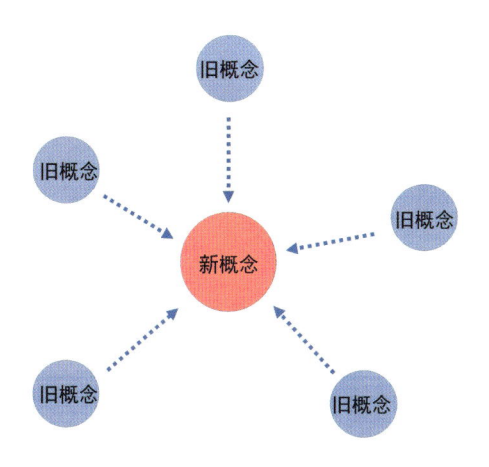

后来我们发现，螃蟹是杂食性动物；不仅在水里，在陆地也能生活；寒性重，孕妇不能食用过多。于是，螃蟹的概念被重描、补充、更新，新概念又被重构了。一个新的概念可能会被重构多次，然后成为旧概念，用来解释新的概念。从婴儿到老年，我们无时无刻不在构建或者重构概念，这个过程其实就是学习。

认知模型

概念是思维过程的逻辑要素，是人对事物基本的认知方式。我们把概念的构建和重构抽象为一个黑匣子：认知模型（如下图）。本书中我们不论述生物微观上的认知神经网络，而是通过宏观的输入、调取（认知模型）、输出的过程，了解认知的规律，帮助我们实现高效学习。

大脑的认知系统由无数个权重不同的认知模型构成，我们用它们来完成对外界事物的认知判断。当我们用"五感"接收到信息的时候，我们会以这些信息为线索，调取认知模型，并输出结果。输出的结果，就是我们所理解的概念或对事实的判断（如下图）。

第五章 贴近本质的深度思考力

大脑的认知系统

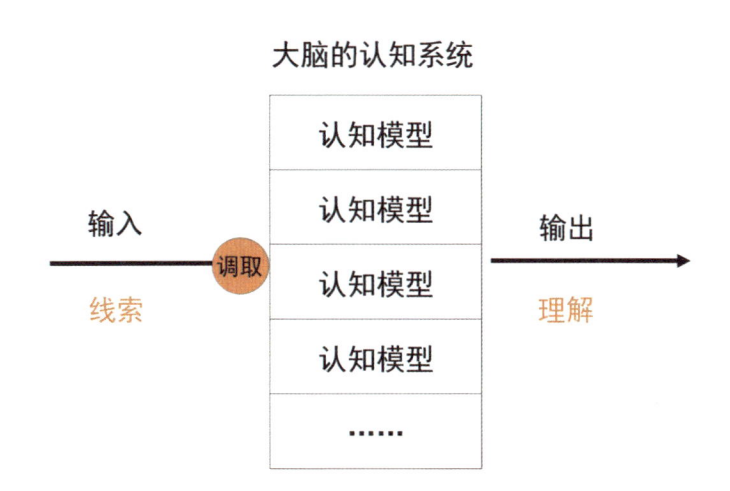

输入 → 调取 → [认知模型 / 认知模型 / 认知模型 / 认知模型 / ……] → 输出

线索　　　　　　　　　　　　　　　　　　　　　　　　　　　理解

例如，我们看到一种动物，动物的特征成为大脑调取认知模型的线索，这时候，你会说：它是一只鸟（下图）。之所以有这样的判断结果，是因为大脑的认知系统中有"鸟"这个认知模型。而我们看到相关的特征时，大脑会自动调取这个认知模型，并输出"鸟"这个结论。

输入 → 调取 → 大脑的认知系统 [鸟的认知模型 / 认知模型 / 认知模型 / ……] → 输出 → 它是一只鸟。

线索　　　　　　　　　　　　　　　　　　　　　　　　　　　理解

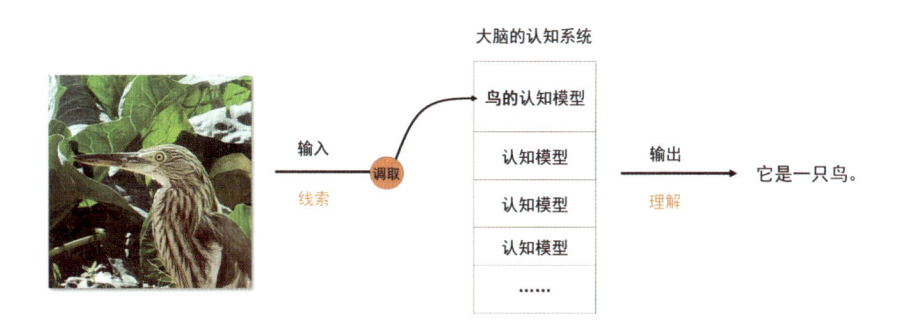

类似地，如果我们输出结果是：这是一只兔，那一定存在下面这个认知过程。

107

一页纸唤醒学习力

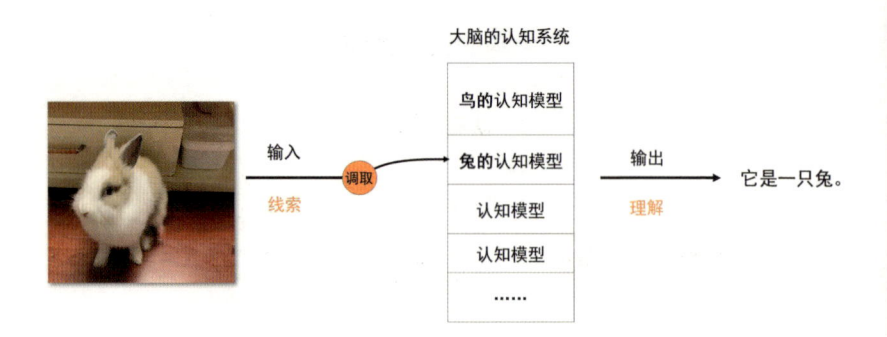

```
                                大脑的认知系统
                              ┌─────────────┐
                              │  鸟的认知模型  │
                      输入     │             │    输出
    [兔子图片]  ─────────────▶ 调取 ─▶│  兔的认知模型  │ ─────────▶  它是一只兔。
                      线索     │             │    理解
                              │   认知模型   │
                              │             │
                              │   认知模型   │
                              │             │
                              │    ……      │
                              └─────────────┘
```

因为你的认知系统中存在"兔的认知模型"和"鸟的认知模型",所以你可以快速辨认出这两种动物。

那下面这张图呢?你觉得它是兔还是鸟呢?

你会发现,它既像鸟,又像兔,虽然它明明就是兔鸟一体的奇怪的动物,但是你只能辨认出其中一种。因为在你的大脑中"兔"或"鸟"的认知模型是独立的,并没有构建起兔鸟一体的认知模型(因为不存在),所以当你辨认出兔子,你调用的是"兔的认知模型",你就会只关注到兔,鸟的信息就会被忽略掉;反之亦然。

大脑会认为存在于认知模型中的才是"对的",所以它屏蔽掉那些认知模型中"不存在"的事情,来降低认知负荷。这就是认知模型的作用。

就像在生活中，有些人，即使你告诉他全部的事实就在面前了，但是他依然看不到全部的事实。因为他的认知模型决定着他能看到什么。如果缺失相应的认知模型，那么不管多么明显他都无法看见。

那怎样才能同时看见兔鸟一体的动物呢？我们只需要构建起兔鸟一体的新的认知模型就可以了。重新构建新的认知模型的过程就是学习的过程（如下图）。

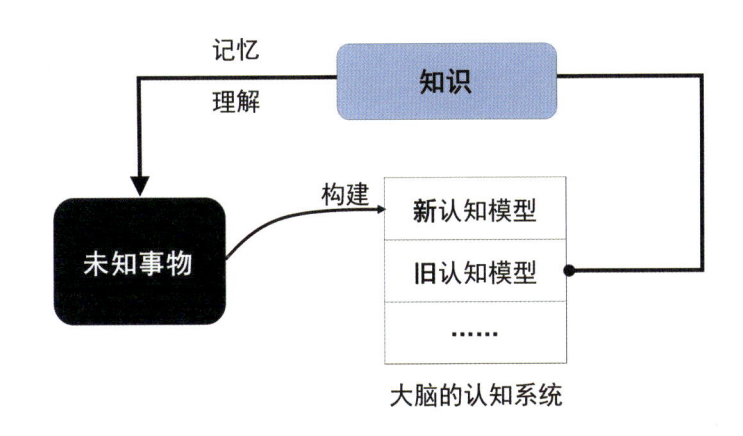

大脑的认知系统

我给大家用电脑合成了一只兔鸟一体的动物（如下页左图），请你重新观察和认识它，新的认知模型构建起来后，你就可以看到一只兔鸟一体的动物了。如果你还看不出来，你可以想象一下，你与这只奇怪的动物互动，摸摸它的头，它的嘴巴……想象一下，兔的嘴和鸟的嘴吵架的样子……这些是最佳的认知模型构建方法。

通过学习，现在是不是可以看到一只兔鸟一体的动物了可能这种认知还是有点别扭，那是因为大脑中"兔鸟一体动物的认知模型"还不够深刻，如果现实中真的有这样的动物与你互动，或者你通过虚拟游戏了解它多一点，深入学习会让模型更加清晰。

认知模型的层次

在生活中，我们可以快速辨认出兔、鸟，能轻易辨认出自己的朋友、亲人。甚至你都觉察不到思考过程，大脑自动识别输入线索直接就输出结果了。类似还有你能轻松地阅读本书的文字，能轻易找到回家的路等。

这些思考过程调用的认知模型为底层的认知模型，我们前面说到的"脑补"现象，调用的就是在这个层次上的认知模型（如下图）。处于底层的认知模型就是那些我们非常熟悉的认知，这种认知来源于我们不断重复的练习。

相对于底层认知模型而言，还有高层的认知模型。高层模型由若干底层模型推理、链接、嵌套形成。高层认知模型调取相对而言比较慢，它的体量更庞大，可以帮助我们认知更复杂的事物。学习就是从底层认知模型上不断叠加形成高层认知模型的过程。

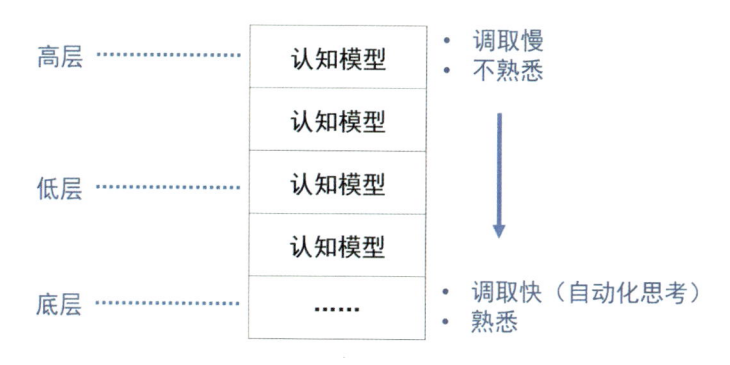

```
高层 ········  ┌─────────┐   • 调取慢
              │ 认知模型 │   • 不熟悉
              ├─────────┤
              │ 认知模型 │
              ├─────────┤        │
低层 ········  │ 认知模型 │        │
              ├─────────┤        ▼
              │ 认知模型 │
              ├─────────┤
底层 ········  │  ……     │   • 调取快（自动化思考）
              └─────────┘   • 熟悉
```

大脑的认知系统

不管认知模型是高层还是底层，我们通过学习对它不断重描，增加该模型的正确性，让它的可复用性加大。某个认知模型被调用次数越多，大脑会认为这个模型越重要，它会慢慢变成底层认知模型（改变权重），更容易被调用，甚至自动化执行。

现在你在阅读本书，你能轻松读懂每一个文字。但是还记得小时候学习认字的痛苦经历吗？逐个逐个地抄写，每一个笔画的写法、笔顺，都得记得清清楚楚，常常还会写错字。后来我们学习了词语、句子、段落、语法、写作等，几年之后，字如何写、如何辨认好像不太重要了，在看书写字的时候，也不会关注到这个字的笔画如何，与认字相关的工作，大脑自动就会执行。

这是因为，文章的理解是高层的认知模型，而每次理解文章，都会调用文字辨认的认知模型。文字辨认的认知模型可复用性很高，该认知模型就会进入底层，甚至进入"思考自动化"的状态。

重新认识学习相关的那些概念

有了认知模型的理论，我们可以用它解释我们的学习、思考行为。

学习：学习就是构建新认知模型的过程，是把知识转化为认知模型的过程（如下图）。认知模型既可以通过大量案例归纳而成，也可以直接通过知识学习辅助构建。认知模型可以让我们发现更多的线索，有更多更有效的输入输出可能，解决更多的问题。

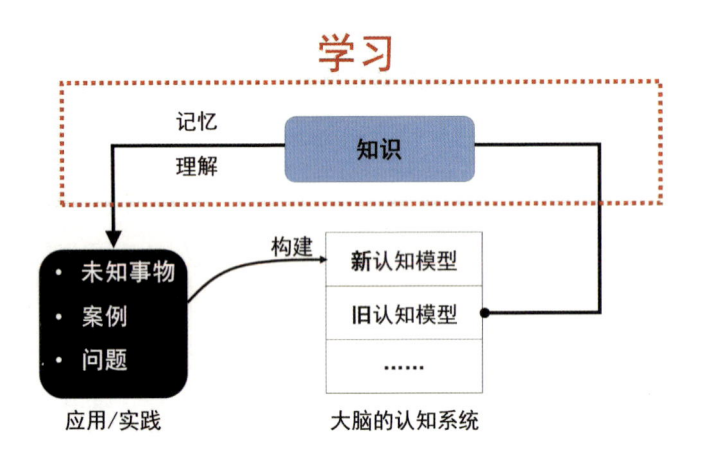

理解：用旧的认知模型解释新事物的过程。"是什么""为什么"就是我们找到旧认知模型常用的方式。

记忆：让认知模型不被遗忘的过程。如果在理解某些信息的时候，需要调用底层的认知模型，大脑会认为这些信息非常重要，表现出来的就是对该信息记忆特别深刻。重复是持久记忆唯一的方式，提高复用率是最高效的持久记忆方式。

认知模型泛化能力：认知模型泛化能力的强弱，决定了我们应对复杂系统的能力是否高效。我们大部分通过学习习得的认知模型都具有很强的泛化能力。因为知识本身就是为泛化而产生的。如果我们构建了"玫瑰花"的认知模型，当看到不同的玫瑰花的时候，我们就会有相应的输出。

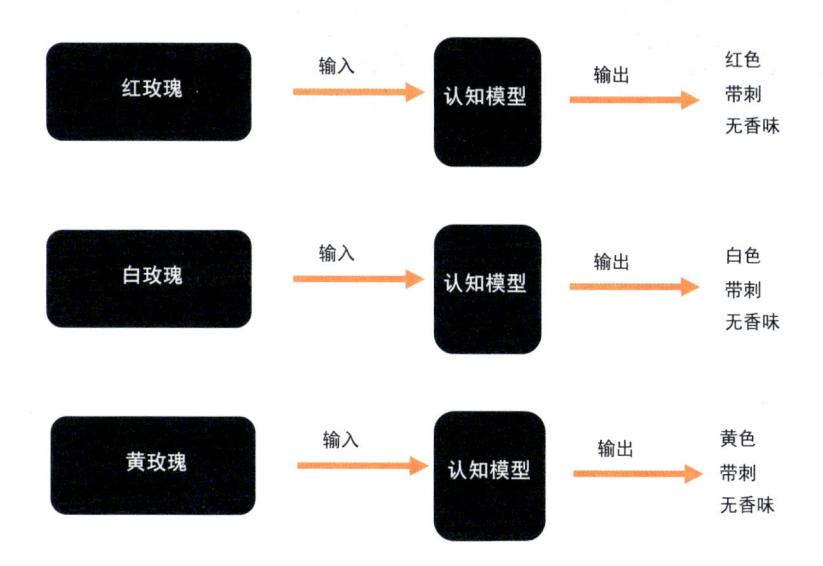

```
红玫瑰  --输入-->  认知模型  --输出-->  红色 带刺 无香味

白玫瑰  --输入-->  认知模型  --输出-->  白色 带刺 无香味

黄玫瑰  --输入-->  认知模型  --输出-->  黄色 带刺 无香味
```

对每一种玫瑰的输入，我们都构建一种认知模型，这种方式太过于低效了，因为玫瑰的种类太多了，十分浪费大脑资源，不符合大脑思考规律。如果通过学习，构建"蔷薇科属植物"这一认知模型，就可以识别任意一种玫瑰，甚至可以说出它们更复杂的种类和特性（如下图）。这就是认知模型的泛化能力。

```
任意玫瑰  --输入-->  蔷薇科属植物  --输出-->  相应的特征
                    认知模型
```

世界上有约 45 万种植物，其中高等植物有 20 余万种。我们无法记下每一种植物的特性，但却可以找到它们的规律。这些规律就是知识，如果

一页纸唤醒学习力

掌握了这些知识，就能形成相应的认知模型（如下图），识别不同的生物。

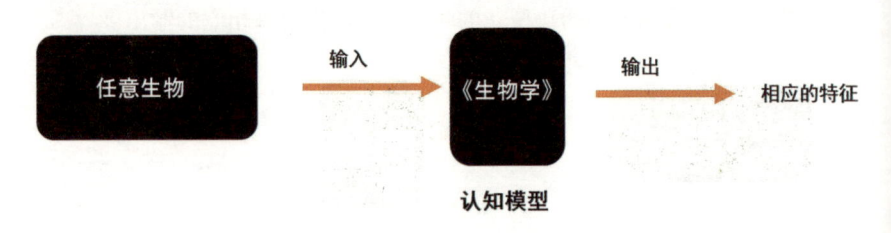

任意生物 —输入→ 《生物学》 —输出→ 相应的特征

认知模型

学习知识的目的就是帮助我们构建具有泛化能力的认知模型，尤其是一些基础学科如数学、物理、语文等知识。但是很多人只是记住了所学知识，却没有把知识转化成能泛化的认知模型。这是学不好、用不好的根本原因。

第二节　认知模型分析法

随着我们生活和工作的实践，在大脑中会形成很多基本的认知模型。这些认知模型可以帮助我们快速处理信息，执行行动，解决问题。最重要的是，思考自动化给大脑节省了非常多的能量。这些底层的认知模型决定输出结果，有时候也会导致我们不能全面看到信息，产生错误的判断和决策。

每一个认知偏差，都对应着一个底层的认知模型。这些认知模型在大部分时间可能是有益的，可以帮助我们快速决策。问题在于，有些时候这些底层的认知模型比较"死板"，明明不对依然固执地执行。这个时候它们都有一个特征：不严谨地、"死板"地接受信息，并输出绝对化的结果。最严重的问题是，"思考自动化"让我们对它毫无觉察，以为结果就是正确的。

认知模型分析工具

这一节我们就要给大家一个认知模型分析工具，帮助我们找到那个决策出问题的认知模型，从根本上发现问题。

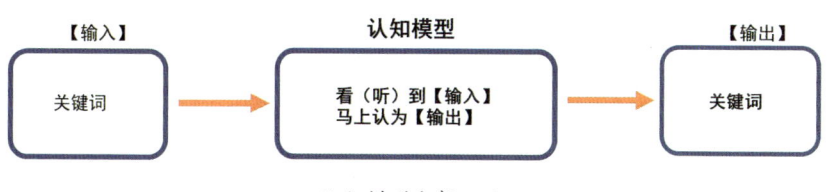

【输入】	认知模型	【输出】
关键词	看（听）到【输入】 马上认为【输出】	关键词

认知模型分析工具

找出一页纸，画三个方框，完成下面三个步骤：

（1）先找输入或者输出，用关键词表示即可，内容过多、过于精准，不利于思想发散，会增加分析难度。

（2）根据输入和输出，代入"看（听）到【输入】马上认为【输出】"句式总结认知模型。

（3）审视认知模型句式逻辑是否严谨，对认知模型做出批判思考，并写出调整思路。

这个方法可以用于你"感觉有点不对"或者做出错误决策的时候，进行反思的时候，情绪变化的时候。这时要注意分析主体，如果要分析自己，那么不管输入还是输出都要在自己身上找。

认知模型分析工具是一个"批判认知模型"的认知模型，可以帮助我们完成对认知偏差的监控，并且帮助我们养成"自我批判"的思考习惯（如下图）。

用这个分析工具可以发现认知模型的问题，从而改变我们的行为。不断使用，让它成为决策前的思考习惯，可以大大提高决策的理性和严谨性。

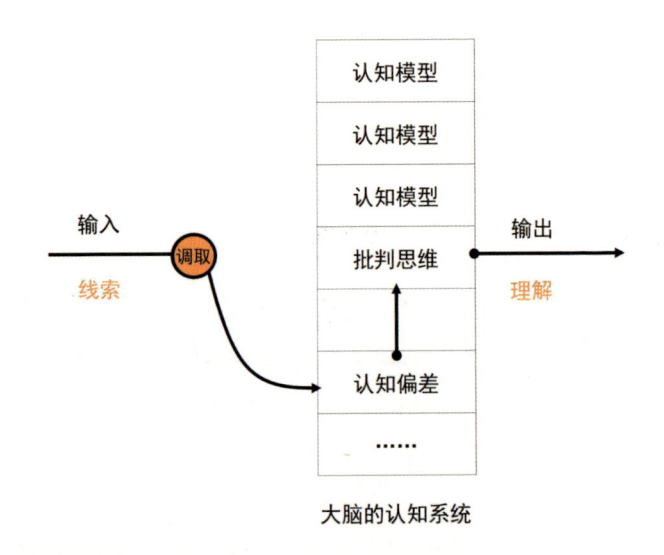

大脑的认知系统

第五章 贴近本质的深度思考力

案例：下图是耶鲁大学耗时五年的研究成果。

从左到右连贯地看，你认为里面的人物是顺时针转动还是逆时针转动？

如果是顺时针转的话，你属于是用右脑较多的类型！

如果是逆时针转的话，你属于使用左脑较多的类型！

据说，14%的美国人两个方向都能看见。

大部分人的眼里是逆时针方向转动，但也有人看来是顺时针方向转动的。

顺时针的情况，女性比男性多。

如果逆时针转动的，突然变成顺时针的话，IQ较高！

你看到的是顺时针还是逆时针？

如果你对这个测试如果从头到尾未产生怀疑，那么说明你的某个认知模型正在起作用，让你坚定相信这是一个科学的测试。不只是你，甚至很多的老师都会把它作为研究成果放在正式的课堂上做案例。事实上不管你看到的是顺时针还是逆时针都是正常的，案例中"耶鲁大学的研究成果"等信息是假的。首先我们来看看，为什么是假的。

这组黑白图由6个(帧)动作不同的人物组成，从左到右，通过"脑补"，我们可以判断出转动的方向。但是不管谁看，不管是看到顺时针或者逆时针，都与左右脑或者智商毫无关系。这根本就是一个视觉游戏，是"脑补"把你"骗"了。

117

我们可以看到这张人物图是黑色的，它缺少细节特征（如下图左），我们无法从这张图中看出人物是正面对我们，还是背面对着我们。如果加上细节，它可能是正对我们（如下图中），也可能是背对我们（如下图右）。如果单单是一张黑色的图（如下图左），没有细节，那就交由大脑自己"脑补"了。至于"脑补"结果如何，那就是随机的了。

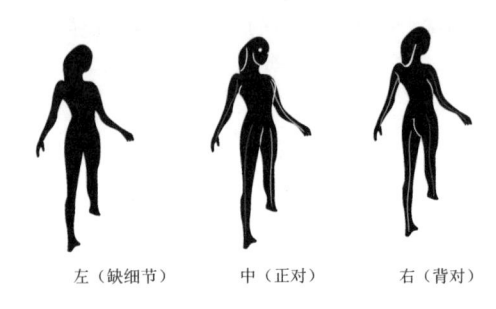

左（缺细节）　　中（正对）　　右（背对）

所以，判断是顺时针还是逆时针的关键在于你在开始的时候"脑补"结果，看人物是正面对着你的，还是背面对你的。如果你觉得人物是正面对着你，那么你就得到逆时针转动的结果（下图上）。相反，则是顺时针（下图下）。

可见这个测试的结论根本不成立。

为什么大部分人一开始没有怀疑这个测试是有问题的？

第五章 贴近本质的深度思考力

如果换成一个 7 岁的小朋友拿着这张图来，告诉你"看到顺时针是代表你近视了，看到逆时针则是视力正常的"。你还会信吗？也许从一开始，你就质疑这个测试的真伪了。

那么在这个测试上，是什么让你直接跳过了"质疑"这个步骤，不加思考地直接就相信并参加到测试当中呢？

下面用认知模型分析工具来分析一下认知过程。这个过程一般可以分为五个步骤：

（1）找输出。

本案例输出结果是：相信（如下图）。

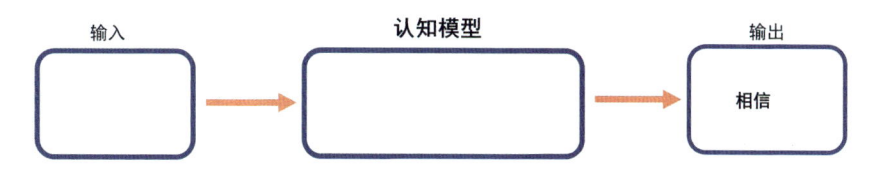

输入	认知模型	输出
		相信

（2）找输入。你看到的这些文字，哪些让你觉得他们可信了？"耶鲁大学""五年""研究成果""14%"等（如下图）。

输入	认知模型	输出
耶鲁大学 五年 研究成果 14%		相信

（3）根据输入输出，代入"看（听）到【输入】马上认为【输出】"句式总结认知模型。

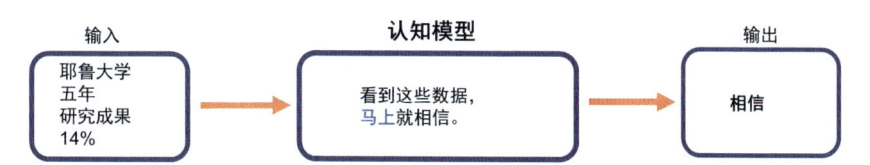

输入	认知模型	输出
耶鲁大学 五年 研究成果 14%	看到这些数据， 马上就相信。	相信

119

（4）理性判断认知模型句式逻辑是否严谨，写出调整方案。

本例中的这个逻辑明显不够严谨。虽然"耶鲁大学""五年""研究成果""14%"等词语看上去很专业，我们的认知模型也相信了，认为它们是真的，但是并没有考虑它们的出处和可靠性。

（5）反思结果：以后看到这些数据，要做更严谨的考究。

通过对问题的分析，我们可以觉察到那些导致我们犯错的认知模型，并且用"批判认知模型"对它进行监控，养成批判的习惯。

认知模型分析工具的分析案例

案例一：记者采访（分析他人）

每年过春节，大量流动人口回乡过节，某台记者报道春运回家的情况。

一名记者来到火车站台内，随机询问："请问你买到火车票了吗？"

一位大哥微微一愣，回答："买到了。"

记者又转向一位年轻人，问："请问你买到火车票了吗？"

年轻人回答："买到了。"

随后记者又问了五个人，大家都回答："买到了。"

最后记者对着镜头说："今年虽然火车票难买，但是通过采访我们发现，大家都买到了火车票，现在正满怀希望地赶回家乡，过个团圆年！"（分析如下图。）

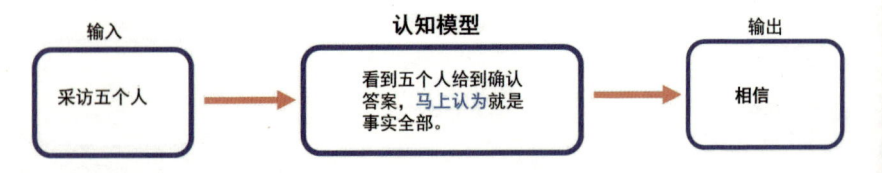

输入	认知模型	输出
采访五个人	看到五个人给到确认答案，马上认为就是事实全部。	相信

案例二：标题党分析

一个好的标题常常可以成功地吸引读者点击进去。这类标题的作者充分利用了人的底层认知模型。

标题一：看完后你会感激我，哈佛大学最受欢迎的课程（如下图）！

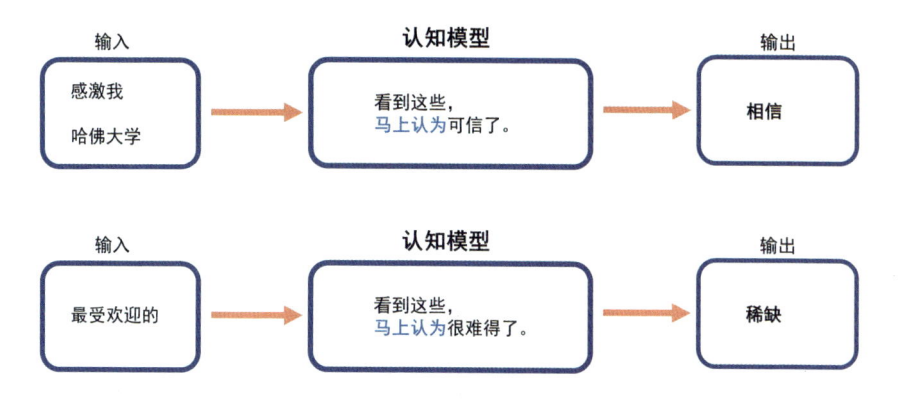

```
输入：感激我、哈佛大学 → 认知模型：看到这些，马上认为可信了。 → 输出：相信
```

```
输入：最受欢迎的 → 认知模型：看到这些，马上认为很难得了。 → 输出：稀缺
```

标题：太可怕了，身边的年轻人都得了这种怪病（如下图）。

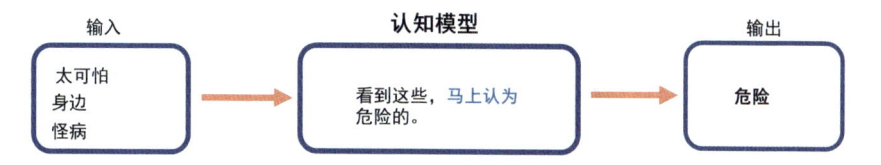

```
输入：太可怕、身边、怪病 → 认知模型：看到这些，马上认为危险的。 → 输出：危险
```

标题：我有10个职场经验，价值100万元，但今天免费（如下图）。

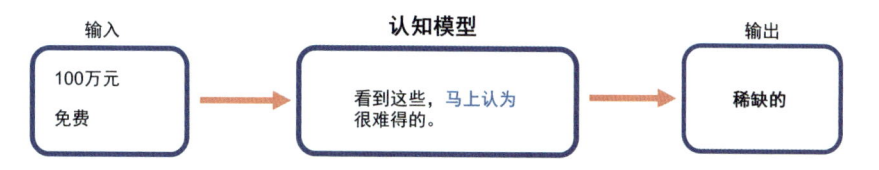

```
输入：100万元、免费 → 认知模型：看到这些，马上认为很难得的。 → 输出：稀缺的
```

案例三：分析情绪的根源（分析自我）

最近公司有新项目，忙得焦头烂额。昨晚在公司加班到十二点多，一大早刚坐到办公室，同事走过来对我说："你来帮我……吧，反正你也没事干？"听到这句话之后我没忍住，彻底爆发了，大声呵斥了同事。同事好像也发现自己说话没注意，跟我道歉了。但是我感觉还是很生气，好几天都不想理他……

首先，在这个案例中，主人翁在那一刻有情绪变化了。一旦有情绪变化，一定是认知模型对那一刻的输入有判断的结果。我们先找出输入和输出。输入还是比较明显的："反正没事干"这一句话。输出需要我们去觉察。这里输出应该是：价值被无视（如下图）。

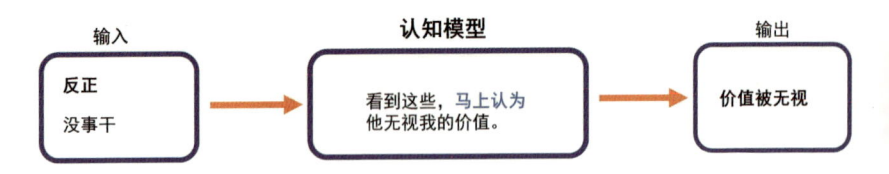

```
输入                    认知模型                      输出
反正         →     看到这些，马上认为      →      价值被无视
没事干              他无视我的价值。
```

看着这个认知模型的分析，我们开始思考：

（1）按照平时对同事的了解，他真的是在无视我的价值吗？

他平时也不是这样，他不了解我的工作任务，更加不知道我昨晚加班的事。而那天坐在办公室里，那一刻，看上去我也真的是"闲着"。所以，只是他说话方式的问题，他可能未必真的无视我的价值。

（2）如果不是，为什么那一刻我会有那样的理解？

思考：如果改变输入，是不是也会做出同样的判断？昨晚加班，我有这样的感受吗？如果有，可能这种价值被无视的感受我一直存在？我的价值真的被无视了吗？

也许你会发现，你感受到的与事实并不相符，你就知道接下来应该怎样做，怎样调整了。

认知模型自动化会让我们毫无思考便得出结论，我们莫名其妙的情绪便来源于此。马歇尔·卢森堡（1934年）在《非暴力沟通》说到情绪源于需求未被满足。而从认知模型的角度，你的需求是由你的认知模型决定的。例如：同事今天打招呼没那么热情，一定是不希望常常见到我了；如果我这次失败了，大家一定会看不起我的；我必须挣到钱，否则人生就没有意义了……类似的思考都是我们的认知模型自己的判断，这些判断是不是真理在这里暂不考究，反正会给我们带来很多苦恼。这些认知与每个人的成长经历、成长环境、原生家庭等都有密切关系。把它们写出来，理性思考，关注它们，提升自我觉察能力，逐渐减少认知偏差。

底层的认知模型的自动化思考会让我们难以觉察它的存在。就像每次看电影的时候，我们会把主角当作电影里面的角色而是某位明星，不会因为电影是"演"的而影响我们对电影剧情的理解。因为你的认知模型把电影之中的情景、角色、语言等信息自动当作真实信息了。

这种自动化思考的认知方式非常有用，也是我们认知的主要方式。不过因为它们很难觉察，所以有时候它们干了"坏事"我们也不知道。因此，我们要学会在它"犯错"的时候找出来，并"教育"它，把它重构成更好的认知模型。

第三节　多角度思考法

5W1H，指 What（是什么）、Why（为什么）、Who（主体）、When（时间）、Where（空间）、How（怎么样）。5W1H 是一套分析工具，用于对问题的全面分析。5W1H 是我们在认知世界过程中形成的最原始的底层的认知模型。在任何思维模型中都可以找到它们的痕迹。例如六项思考帽理论就是建立在 How 之上的思考；SWOT 分析（基于内外部竞争环境和竞争条件下的态势分析）建立在 Where 之上；PDCA（Plan-Do-Check-Act）循环是建立在 When 的基础上的；PEST 分析是建立在 What 的基础之上的。

5W1H 组成我们理解事物的基本要素。这六个要素会同时出现在我们每次的文字表达当中，不过并不是每次每个要素都可以看得见。作为笔记构建者，要用最少的符号表达出最多的意义。所以，5W1H 六个要素在实际表达当中，有些要素会被"隐藏"起来。对于解读者而言，在特定的情景当中，被隐藏部分可以通过"脑补"还原出来，所以即使一些要素被"隐藏"了，也不会影响解读者对笔记的理解。

例如"我在上班！"这句话表面看上去只有 Who、How 两个要素，那么其他 When、Where、What、Why 四个要素就真的不存在了吗？

它们依然存在。

"我在上班！"这句话完整的含义可以是"因为要挣钱所以我现在在办公室上班！"其中 When、Where、What、Why 四个要素并没有出现，但是通过"脑补"，你已经默默地解读出来了。

在构建笔记时，这种隐藏要素的情况是非常常见的。被隐藏的要素因为是通过"脑补"自动完成的。

前面讲过，能"脑补"的前提是具有足够的经验。大部分时候，不同的解读者对笔记会产生共识（共有的经验），即使隐藏5W1H中的一些要素，解读者也能把它补全。如果解读者无法补全，就觉得特别别扭，于是产生好奇心，继续追问，直到5W1H每一要素都补上为止。

例如"我在上班！"你可能会问"什么时候上班？"

假如现在是晚上12点，你听到"我在上班！"可能会问"大半夜为什么上班？"

在"共识"上，也会有出错的时候。笔记构建者与解读者可能因为知识背景、情景角色等生活经验的不同，导致对隐藏要素内容"脑补"出错，造成解读者"我以为"的局面。这种情况在职场的指令传递中常常会出现。

公司新来的同事小A有一次给领导汇报工作，滔滔不绝地讲了好几分钟，领导却没反应过来他在说哪件事。这个时候是因为汇报内容中的Who、What等要素缺失，所以领导无法对他的信息进行理解。

而同样的内容，小A与他同一项目小组的小B交流时，可能小B就能够听得明白，因为他们之间存在对这件事情有"共识"，能够马上"脑补"出缺失的要素。

可以用思维导图来表达建立在5W1H基础上的思考维度，如下图，每次思考问题都从5W1H出发，不断延伸循环，构成认知维度网络。

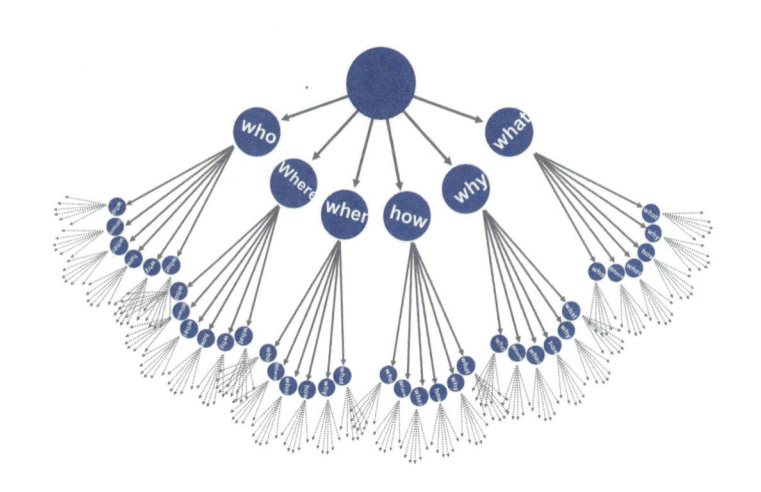

5W1H 是接近本质的思考方式，也是底层的认知模型，它时时刻刻存在，却没有时时刻刻被我们发现。了解和学习 5W1H 可以帮助我们找到问题的解决思路。

5W1H 是认知的必需品

我们来看看 5W1H 为什么是认知的"必需品"。

1.What（是什么）&Why（为什么）

What 和 Why 是新事物与已有的认知模型做关联的需要。What 是为了解释并了解新事物。Why 则是找到与已知认知之间的逻辑关系，保证新事物的正确性和可控性。

2.Who（主体）&When（时间）&Where（空间）

Who、When 和 Where 形成认知主要构成要素的需要。只要生活在宇宙中，时间、空间，以及那些可以被我们感知的主体都是在认知过程中必不可少的组成部分，我们可以时刻觉察到它们的存在。认知也就是找到它们的联系和规律。

3. How（怎么样）

How 是了解事物细节及之后行动的需要。其延伸还有 How many 和 How much。

5W1H 思考巧用

当我们关注 5W1H 不同组合要素的时候，对问题的分析就有着不同的效果。

1. 巧用 5W1H 全面性

既然我们知道 5W1H 是思考的方向，那么我们就可以通过检查 5W1H 的完整性对思考查漏补缺，从而达到全面分析问题、多角度思考的效果。

（1）多角度思考

我们都只知道要多角度看问题，但是什么是多角度？从何下手寻找角度？既然 5W1H 是思考的基本要素，我们可以从 5W1H 出发，缩小思考范围，为思考找到方向。

有一个爸爸把一个苹果和小刀给了孩子，让孩子把苹果切开。孩子拿起刀子，他并没有用大人常规的方式切开苹果，而是横着把苹果切成了两半。

爸爸发现苹果的中间形成一个精美的五角星形图案，五角星的每一个角里面都躺着一粒种子。

从这个例子中，你能想到些什么呢？

可能你会说，孩子换了一种切法，就发现了鲜为人知的秘密，有时候错误也是一种美。

还能想到其他的吗？这个时候可能你就无从下手了。

我们把问题代入 5W1H，寻找不同的角度（见下表）。

5W1H	提问
What	从物品找思考角度
Why	从原因 / 结果找思考角度
Who	从不同立场找角度？不同人物视角找角度
When	从时间找角度
Where	从位置、地点找角度
How	从具体细节、流程、价格（How much）找角度

1）What（是什么）

把苹果换成其他水果，是否也有同样的效果？这个方法是不是对所有水果有效？横切都可以有美丽的图案？

2）Why（为什么）

孩子为什么会横切苹果？是爸爸给他递刀的时候故意把方向摆好的吗？

3）Who（主体）

爸爸是一个非常会教育孩子的家长吗？

4）When（时间）

在切完之后发生什么事情？爸爸会说些什么？孩子又会说些什么？

5）Where（空间）

如果不横切，斜切呢？换其他位置切呢？

6）How（怎么样）

孩子是怎么切水果的？他会握刀吗？爸爸帮助他了吗？

通过 5W1H 要素思考，你可以有更多的角度去思考问题。

（2）全面分析问题

5W1H 是思考的必需品，在思考的时候就必须考虑齐全。

小 A 是一家液晶显示器销售部的职员，他的上司让他负责组织一款半年后上市的产品（#323 型号显示器）销售策略研讨会。因为第一次组织这样的会议，他非常认真做了准备。还特意请教了部门的几位前辈。

B 前辈：销售策略研讨会主要研究怎样卖，一次会议肯定不够，可能要多组织几次。

C 前辈：主要是做好预算，给销售部领导签字。另外，要准备会场布置，还要通知产品部、设计部和网络部的主管参会。

D 前辈：开个会议很简单，把时间地点定了，在 OA 系统中通知大家都可以了。

听了大家的意见，小 A 整理出研讨会议的框架：

#323 型号显示器销售研讨会安排

会议主题：#323 型号显示器 销售策略研讨

会议时间：上市前 4 个月每周一次

会议地点：多功能会议厅

参与人员：产品部、设计部和网络部的主管

预算：4000元（附预算清单）

我们把以上案例内容代入 5W1H 中分析（见下表）：

5W1H	提问	会议安排
What	会议主题	#323 型号显示器销售研讨
Why	目的、目标、效果	未提及
Who	相关人员	产品部、设计部和网络部
When	时间、周期	上市前 4 个月每周一次
Where	地点	多功能会议厅
How	细节：流程、预算、会场布置	遗漏

通过 5W1H 对每个要素进行分析，我们可以更全面地思考：

1）本次会议目标是什么？

2）会议的流程是什么？参与成员责任与分工如何？

2. 巧用 Why 找根本原因

怎样才能保证一件事是正确的或者可控的？找原因是我们解决问题很重要的手段之一。找到根本原因是解决那些不断重复又或者可能不断重复的问题的方法。通过不断提问 Why，可以帮助我们找到问题的根本原因，这也是我们常说的"5Why 分析法"。"5Why 分析法"有这样一个经典案例。

美国首都华盛顿广场的杰弗逊纪念馆大楼在 1938 年开工，至 1943 年落成。

多年过去了，这座大厦表面斑驳陈旧，比周围其他同期建筑损坏严重得多。政府非常担心，派专家调查原因。

因为冲洗墙壁所含的清洁剂对建筑物有强烈的腐蚀作用，而该大厦墙壁每日冲洗，冲洗次数大大多于其他建筑，因此腐蚀就比较严重。

对此，专家们用不断提问的方式，希望找到问题的根本原因。

1) 为什么每日都要冲洗？

因为大厦被大量的鸟粪弄得很脏。

2) 为什么这么多鸟粪？

因为大厦周围聚集了很多小鸟。

3) 为什么小鸟专爱聚集在这里？

因为建筑物上有小鸟爱吃的蜘蛛。

4) 为什么这里的蜘蛛特别多？

因为墙上有蜘蛛最喜欢吃的虫子。

5) 为什么这里有虫子？

因为西面的墙有很多窗户，窗户晚上开着灯，很多虫子会聚集过来（趋光性）。

最后有了一个解决方案：给窗子加上窗帘即可以彻底解决问题。

看案例会觉得很简单，等真正使用这一方法时，会发现提问的角度很多，根本无从下手，很难用好。原因可能有两点，一是背景知识，二是立场。

背景知识很好理解，要解决问题，你对问题相关知识了解越多，越有利于你找到答案。在上面的案例中，了解虫子的趋光性很重要，如果缺乏这个知识，你可能永远都找不到答案。

另外，立场非常重要。立场决定了我们解决问题的方向，从哪里找原因？从自身还是外部环境？找那些我们可控的原因？立场不同，思考的结果也天差地别。

案例：观光缆车的玻璃由于水汽变得模糊，影响乘客体验。

立场一：缆车负责人。

为什么会模糊？

因为里面人太多了。

解决方法：少坐一个人。

立场二：缆车产商。

为什么会模糊？

因为内外有温差？

解决方法：在玻璃上加装恒温器，消除温差。

我们可以看到，立场不同，对问题的解读也不一样。我们在找原因的时候，要先确定好自己的立场再找，这样可以增加找到有效解决方案的概率。

3. 其他巧用

在解决不同问题时，强调 5W1H 的不同要素可以帮助我们更好找到解决问题的方案。例如用 Why+How 说服他人；用 When+How 快速执行；用 What、When、How 进行学习与实践。

第六章

高效记忆公式之
——激活与生俱来的记忆能力

记忆是一切智力活动的基础。——培根

很多学生,甚至老师以这句名言为依据,告诫自己(学生)要想学得好,必须要记得好。

于是,就有了"记忆能解决一切学习问题""学习好=记忆好"这样的论调,但是这样的观念抹杀了多少学生学习的自信和动力。因为很多学生觉得自己"记忆不好"所以"学习不好";越是学习不好,越是觉得自己记忆不好,形成了恶性循环。最后学习越来越不好,记忆也越来越差。

实际上,每个人都有记忆能力,只是在复杂与变化面前,这些能力似乎会"不知所措"。只要我们给予引导,"记忆能力"便能走回正道,发挥出本该有的能力。本章将教大家一个高效记忆公式,帮助大家解决记忆难题。

第一节　与生俱来的记忆能力

高效记忆的方法很多，谐音记忆法、联想记忆法、记忆宫殿学习法、定位法、情景记忆法……这些方法中有的其实是同一种方法，在不同场景中的演变。

关于记忆学习，脑科学原理有很多，比如左右脑、艾宾浩斯曲线、神经元电化学反应，身体激素变化等。但是你会发现这些的方法和理论很难在实践中应用，甚至学习记忆方法比学习我们想学的内容还难。

这些方法真的有效吗？这一章我们来了解记忆的本质。本书不会告诉你大脑的神经元是怎样传递信号的，因为这些我们无法觉察到，也无法直接改变。我们从能觉察、并且觉察之后可以调整的角度，了解和学习记忆的本质和原理。

为什么要学习和记忆

知识是人们多年总结出来，通过科学实践验证的经验。人类建立了庞大的知识体系，就是为了记忆更少的信息。你可能会觉得不解，知识体系庞大不是更难学习了吗？这是一个错误的学习观念。系统的信息是无限的，我们根本无法记住系统的每一个细节。我们只能够通过找到系统的规律，去研究和了解它。用总结出来的有限的规律控制无限的系统，这就是学习的目的。我们希望把知识"记下来"，形成自己的认知模型。一个人的认知模型越丰富，自然能识别更多线索，也可能解决更多问题，应对更加复杂的系统。

对于一个小学二年级的孩子来说,最难的要数记忆乘法口诀表了。从这时候开始,很多人开始对记忆产生反感情绪,认为"记忆"是痛苦的。这种观念会一直延续,直到职场,甚至有的人一辈子都会有这样的错觉。事实上,我们要知道,记住这个 9×9 的口诀,未来你就可以计算出任一个乘法题。用 81 条乘法的记忆,换取无数个乘法运算结果,而且能用一辈子,这是多么划算的事情。这也是学习知识的原因。同样掌握牛顿力学的定律,就可以解决了物体大量的运动问题。这就是知识的泛化性。

遗忘的意义

我们都能感受到记忆的重要性,但是好像忽略了遗忘也有很重要的作用。人类遗忘的功能,正是帮助我们忘记那些长期不被我们使用的信息,以节省大脑认知资源。要知道我们的感觉器官时时刻刻都在接收信息,每一天我们都会遇到不同的事和人。遗忘是使得我们只保留重要的、与自身相关度大的信息,从而释放大脑的资源。大脑的资源是有限的,它总想做一个资源的"吝啬鬼",这一特性也决定了大脑的认知方式。

关于遗忘,德国心理学家赫尔曼·艾宾浩斯(Hermann Ebbinghaus)很早便做了研究,他发现记忆有意义的材料比记忆毫无意义的材料速度、记忆牢固度都要好。

在实验中,他让实验者记忆拜伦的《唐·璜》(*Don Juan*)诗中的片段,每一片段有 80 个音节,他发现实验者大约只需要读 9 次就能记下来了。然后他又让实验者记 80 个无意义音节,发现实验者要完成这个任务几乎需要不断重复 80 次。他也得出结论说,无意义材料的记忆比那些有意义材料的记忆在难度上几乎增加 9 倍。

从艾宾浩斯的实验结果,我们可以得到两个结论,一是理解材料意义可以加快记忆效率;二是重复可以强化记忆。这两个结论也是帮助大家快速学习、记忆的底层原理。

1. 理解

用认知模型的观点理解就是调用旧的认知模型来认知新事物。调用底层的认知模型，越容易理解新事物，越容易记住（如下图）。日常所见所闻（"五感"）、简单逻辑、简单的道理都属于底层认知。

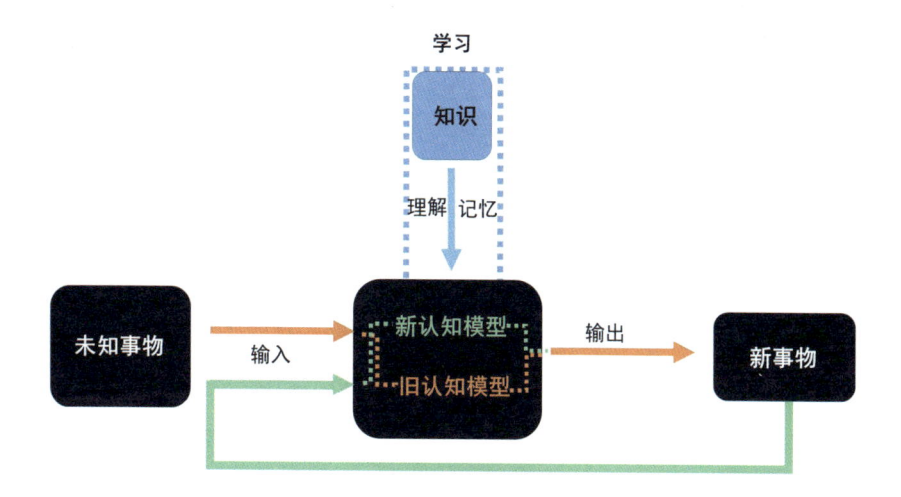

关于充分条件、必要条件的定义，有两种解释方式。第一种解释方式：

假设 A 是条件，B 是结论。

（1）由 A 可以推出 B，由 B 不可以推出 A，则 A 是 B 的充分不必要条件 ($A \in B$)。

（2）由 A 不可以推出 B，由 B 可以推出 A，则 A 是 B 的必要不充分条件 ($B \in A$)。

再看看第二种解释方式（如下图）：

在推铅球时，如果一个人能推到 9 米，那么他必须要有推过 8 米的能力。

推过 7 米、8 米，是推过 9 米的必要条件。

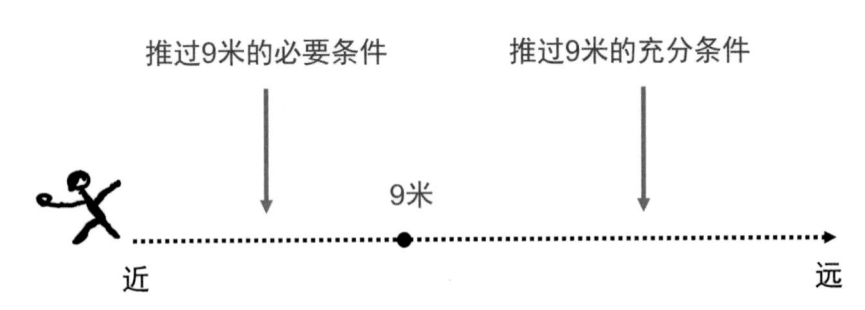

推过9米的必要条件　　推过9米的充分条件

9米

近　　　　　　　　　　　　　　　　　　　远

另外一种情况是，一个人如果能推过 9.1 米，他一定能推过 9 米。推过 10 米、11 米都是推过 9 米的充分条件。

绝大部分人会感觉用第二种的解释方式更加容易明白和理解，因为这种解释调用的是底层认知模型。相对于第一种解释方式，你可能不需要数学知识就可以听明白。因为底层认知模型都是那些我们非常熟悉、与生活贴近的认知。这就是为什么我们更喜欢听故事，听案例的原因了。

这时候你可能会问，那为什么我们还要用第一种解释方式来表达呢？那是因为知识是为泛化而来的。第一种解释更具严谨性和泛化性，而第二种解释方式则促进了理解。虽然这种调用底层认知模型的方式有时候缺乏严谨性，但是比在高层模糊的认知模型上徘徊，或者只靠机械重复记忆高效得多。在实际生活中，如果这种"不严谨"能满足你的应用需求，那也就够了。就像本书解释格式塔现象用"脑补"来解释一样。

很多的知识在出现的时候，都不得不以严谨的姿态出现（尤其是专业知识）。一步一步推演，新知识和旧知识叠加而来。一旦学习者的旧知识理解不扎实，则直接影响了新知识吸收。很多人在学习时按照书本的解释学习新知识，但是没有构建好高层的认知模型。一直用这样的方式学习，不懂得往下寻找底层认知模型去解释知识，最后理解不了，也记不住。

如果你能把学到的知识解释给一位小学生听,那么说明你学会了。因为一般来说小学生拥有的认知模型,对于成人来说,都是非常底层的认知模型。所以,小学生听懂了,证明你调用了非常底层的认知模型去理解知识。

2. 重复

即使你理解了所学知识,可能也会忘记。你需要不断重复,才能把知识记下来,并构建成底层的认知模型。重复有两种,一种是机械重复,另一种是构建认知矩阵,增加知识的可复用性。

(1)机械重复

机械重复顾名思义就是通过听、说、读、写多次重复的方式进行记忆,比如电话号码、身份证号码、部分英语单词、乘法口诀表、童话故事……都是经过直接大量重复被记忆下来的。只要你重复的次数够多,不怕记不下来。但是如果仅用这种方式来学习和记忆,那效率就太低了。

(2)增加知识的可复用性

如果学过的知识常常被调用,这种调用是在学习其他新知识或者生活中自然而然发生的,那么知识的复用率就十分高了。就像小时候乘法口诀很难记忆,但是经过几年学习后,你把乘法口诀倒背如流。即使你没有机械重复——每天拿起乘法口诀表背诵,但是一样记下来了。因为乘法口诀的可复用性极高,我们在学习比它更深的知识,如竖式、应用题时都会用到它。在不断学习的过程中它被不断调用,不断重复,于是也就牢牢记下了。

我们常常学习了很多知识,但是学了这个又忘了那个。遗忘非常正常,因为你学习到的这些知识可复用性不高。你坚持学习一个多月,学会了;接下来你没有重复,或者你忙着学下一个课程,结果学过的又忘记了。而在整个学习历程中,你原来花的一个月坚持学习的时间可能就浪费了,因为所学知识已经没存留下来多少了。

常常有父母抱怨孩子的记忆力差，但是这些孩子在记忆游戏账号与密码、游戏角色和特点等信息的时候却表现出记忆力很好的状态。那究竟这些孩子的记忆力是好还是不好呢？可见，决定孩子是否能记下来的主要因素是处理信息的专注度，是累积的认知基础，是投入的时间（重复）如何。

如果我们要记的信息总是记不下来怎么办？为了解决这个问题，很多人花了很多时间去研究如何提升记忆力，做各种右脑开发训练，但是发现最终效果都不理想。那应该怎么做呢？

我们应该了解记忆的原理。因为对任何信息的记忆，不管难记还是不难记，原理都是一样的。我们面对感兴趣（容易）的信息可以很快记下来，但是一旦遇到不喜欢、难、多的信息就特别不想记，感觉记不下来。实际上，不管感兴趣还是不感兴趣的信息，记忆的过程都是一样的，但是为什么效果上却有区别呢？那是因为我们大部分人记忆都是凭感觉来的，感觉好的信息，记得快；感觉不好的信息，记不住。

所以，我们要摸清记忆的底层规律，知道自己能记下来的"感觉"是什么。以后在面对其他信息时也能按照规律去处理信息，自然难记的也就记下来了。

第二节 高效记忆公式

这里提出一个通用的记忆公式（下图）。应用这个公式可以帮助你大大提升记忆效率。公式的四个环节是灵活使用的，可以用一个或多个，不一定全部同时用上，只要你认为已经满足到你对知识记忆的程度就可以了。我们将用两个章节的内容来介绍。

本小节先讲述公式中步骤①和步骤③的应用。

① 简化 + **② 理解（调用认知模型）** + **③ 配图** + **④ 重复** = 高效记忆

步骤① 简化

我们平时的记忆主要是通过视觉符号的意义进行记忆，而且这些视觉符号往往非常多，所以才常常有"难记""记不住"的感受。所以面对复杂的信息要记忆它们，首先要从信息本身开始下手，把它们简化，降低大脑对信息处理的负荷。简化主要有两种方式：第一种是压缩信息，把信息量变少；第二种是缩短解读流程，还原信息原来要表达的感官意义。

第一种：压缩信息，把信息量变少

我们在看到复杂信息的时候，要先对内容进行压缩。我们的"脑补"能力非常强大，压缩后的信息依靠"脑补"依然能完成理解。很多时候用这种方式简化后我们就直接可以把知识记下来了。简化信息最有效的方式是思维导图技术。

简化的过程是理解和建立"脑补"的基础,所以简化过程由需要记忆者本人来操作效果是最好的。如果你是为他人把信息简化的,那还需要考虑阅读者的认知水平,制定思维导图的内容和逻辑。

通过简化信息达到快速记忆的案例

能量守恒定律的内容:能量既不能凭空产生,也不能凭空消失,它只能从一种形式转化为另一种形式,或者从一个物体转移到另一个物体,在转移和转化的过程中,能量的总量不变。

用思维导图简化后(如下图),简化后更加好记忆。

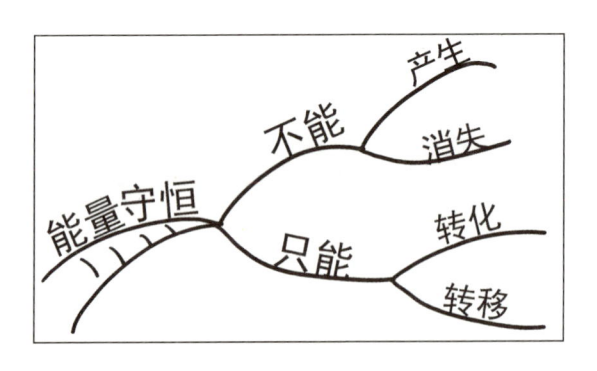

第二种:缩短信息解读流程,还原信息原来要表达的感官意义

我们在前面已多次讲过依靠"五感"感知世界,而文字符号的出现却能让我们即使没有接触到实物,也可以解读出实物带来的感官意义。不过用文字表达感官的意义也有不足之处,就是加长了我们对信息解读的流程。图像比文字能更直接地被我们感知和理解,形成表象,所以,如果你发现你要记忆的文字是在描述一个视觉情景,那么可以用图像表达出来,缩短转化流程,从而简化原来信息。

(1)注意那些在做视觉描述的文字

文字转成图像之后，更加直观、容易记忆，因为它省略了中间转换的过程。

文字案例

减数分裂的整个过程经过两次细胞分裂，第一次是母细胞中每对同源染色体进行配对，排列到赤道面，与此同时每个染色体自己纵列为两个，成为两个子染色体，但这两个单体仍并列着，而未分开。接着，两两配对的染色体各向一端移动，最后产生两个子细胞，每个子细胞中的染色体数目为母细胞的一半。第二次分裂时，子细胞中每个染色体中并列的两个子染色体开始分离，各向一端移动，进行与有丝分裂相似的过程，最后每个子细胞又分裂成两个细胞，结果形成四个细胞。每个细胞中的染色体数均成为单倍体。

用配图表达

在这个案例中，关于减数分裂的文字描述了一个视觉可以直接感知到的意义，我们在阅读理解之后就可以把它转成图像（如下图）。再次解读图像的时候，就缩短了解读流程。

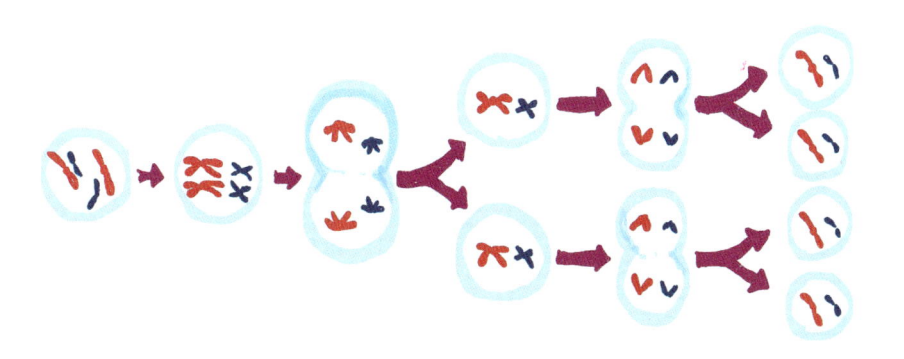

有时候我们发现，同样的文字信息，有的人读一遍就基本可以记下来，有的人反反复复读很多遍都记不下来。这常常被作为一个人"能力"的判

断依据，会给人贴上"记忆差""聪明""愚蠢"等标签。事实上，很多人在阅读这样的信息的时候就仅仅是读，根本没有在脑海中清晰还原信息的视觉意义。本意都没理解清楚，又如何记下信息呢？知道这个原理，我们除了自己记忆的时候可以用配图的方式简化信息，也可以用这种方式帮助理解和记忆文字信息。

（2）找到那些抽象文字表达背后的隐喻

可能会感觉一些信息阅读起来非常晦涩难懂，非常抽象。文字构建者会用已有的知识或者对"五感"的描述方式去表达一个抽象的概念。对于解读者而言，如果缺乏相关的知识背景，或者无法感受到信息中传递的"五感"，就会感觉难以读懂。用"看得见、摸得着"的事物（底层认知模型）来隐喻，对于我们来说更加好理解。

举例来说，"时间"是一个非常抽象的概念，我们在描述时间的时候，我们会用"浪费时间""珍惜时间""时间流逝"等方式表达。"浪费""珍惜""流逝"这些都是用来形容能被我们"五感"感知到的事物，如金钱、河流等的。我们不能直接理解"时间"这个概念，但是却可以用这种隐喻的方式，感觉到"时间"的特性。

但是，如果你没发现它背后的隐喻，阅读起来就会感觉到"抽象""不好记忆"。不过，这个时候如果我们能分析出信息是如何用隐喻的方式来描述的，你就可以轻松记下来了。

记忆案例一

学习有哪些重要性？

1）学习可以点亮我们的生命。

2）学习不仅让我们能够生存而且可以让我们有更充实的生活。

3）学习就是给生命添加养料。

4）学习点亮我们内心不熄的明灯，激发前进的持久动力。

5）在学习中，我们分享生命经验，获得成长，同时也可以帮助他人，服务社会，为幸福生活奠基。

在案例中，"点亮""添加养料"这些词词语都把"学习"隐喻成另一形象的事物。我们可以把"学习"想成燃料和火焰，把"生命"想成煤油灯，再看看这个知识点，就变得形象好记忆了。

通过压缩信息量和缩短思考流程，这两种对信息简化的方式可以降低思考负荷。两种简化方式不一定必须用哪一种，你可以用其中一种或者两种一起用。开始可以先用第一种，对信息初步简化之后，再尝试使用第二种。

不管使用哪种简化方法，简化出来要能够还原出原内容的意义，否则简化就失去意义了。

步骤③配图

配图是把你简化过程理解到的视觉化情景在纸上画出来。配图的过程实质是绘图者表达出表象的过程，既可以促进理解，又可以为日后复习提供直观的表达。配图的绘制不需要很漂亮，重要的是表达清楚情景。配图作为记忆辅助笔记使用的时候，注意以下两点可以提升记忆效率，保证还原的准确率。

1. 保证关键物品的顺序及完整性

配图是将情景中的关键物品组合成画面，因为对于需要记忆的文字信息，这些关键物品的顺序及完整性非常重要。顺序可以帮助我们回忆原内容的逻辑，完整性保证我们不会记漏。它们决定了后期我们能不能通过配图还原原文内容。

配图记忆案例：

《题破山寺后禅院》
唐代 常建

清晨**入古寺**，初日照**高林**。

曲径通幽处，禅房花木深。

山光悦鸟性，潭影空人心。

万籁此都寂，但余**钟磬音**。

我们不难发现古诗大部分都是在做情景的描述，于是我们找出情景中的关键物品（古诗中红色加粗内容），根据原文做以下配图的简化（如下图）。

在配图构思的时候，把全部关键物品尽可能按照原文的出现顺序进行排布，并标出各个关键物品的顺序号。

2. 关键物品之间要有联系，配图要具有整体性

关键物品之间要有联系，形成一个整体，不能把每个物品单独列出来作为配图。具体如何联系可以在原文意义的基础上，可参考第二章介绍的配图方法。

第三节　代入理解法

简化 ① + **理解（调用认知模型）** ② + **配图** ③ + **重复** ④ = **高效记忆**

上一节我们介绍了高效记忆公式中的简化和配图两个步骤。实际上，步骤②"理解"贯穿记忆公式全部过程，它是记忆最基本也是最主要的方式。如果我们在简化之后未能把要记忆的知识记下来，则需通过理解帮助记忆。

步骤②理解

当我们问自己"是什么""为什么"的时候，当我们开始解释、理解新知识的时候，本质上是在调用已有的认知模型。调用越底层的认知模型，越会觉得容易记忆。

底层认知模型主要有两个：一是"五感"，二是常识。

1. "五感"

"五感"是指视觉、听觉、嗅觉、触觉和味觉，运用好"五感"这个底层认知模型，你会发现理解与记忆都可以事半功倍。这是因为但凡那些"看得见、摸得着"的事物，我们都会觉得非常好记忆和理解。"五感"的叠加和组合形成了我们对世界丰富的认知。"五感"是人思考的入口，具有极强的可复用性。

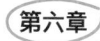

"五感"除了可以亲身体验，还可以通过想象获得。例如，没亲眼看到酸梅，只是想到也会流口水，这就是我们在脑海中创造出来的"五感"的联想和想象能力。通过想象力，可以加强感知，增强记忆的效果。

2. 常识

常识是我们日常学习与生活中形成的基本认知和逻辑，例如杯子掉到地上会破裂，打开灯会亮，人感到累就不太想动等。在记忆时运用这些常识可以达到事半功倍的效果。

调用底层认知模型：代入理解法

如何调用底层认知模型来理解新知识呢？我们只需要把熟悉的事物与新知识联系起来当中，这个事物可以是"我"及"我熟悉的一切事物"，激发调用底层的认知模型。而把自己代入知识的情景中是增强"五感"最好的方式。

很多人学习知识的时候，从来都是把知识和自己分开，知识是知识，我是我。事实上，知识就是为"我"所用的，在我们的身边都可以找到它们的踪影。如果你在学习的时候，坚信知识源于你自己的生活，你就可以用你知道的常识来理解新知识。很多人很难做到这一点。知识是泛化的，但是很多人用知识构建起的认知模型却没有泛化，导致只能理解知识的表意，所学知识不会在生活中出现，这就是把知识学"死"了，也是我们常见的学习误区。

一个正常的人都拥有理解、思考、记忆等学习能力，只是在复杂变化面前，这些能力似乎常常会不知所措，需要给予引导，才能使之发挥本该有的能力。

```
┌─────────────────────────────────┐
│   知识        知识              │
│                        知识     │
│       知识                      │
│              知识               │
│   知识              知识        │
└─────────────────────────────────┘
```

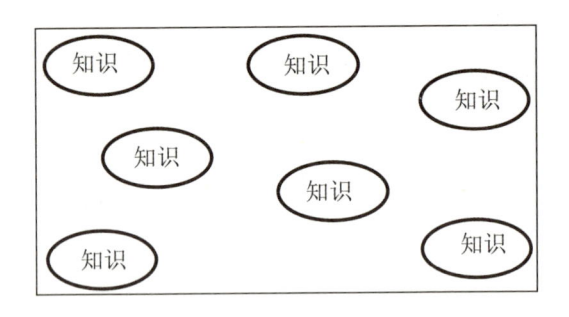

要让知识走进自己日常生活，我们可以用角色的代入理解法，把自己代入知识中的角色，构建一个与自己密切相关的想象意境，帮助我们以生活化的方式理解知识（调用底层认知模型）。

1. 将自己代入知识具体的某个案例当中

学习知识时，常常会伴有应用案例，我们要用好这些案例，可以想象自己在案例当中，亲眼看着案例发生，验证所学知识。

记忆案例：

集体利益与个人利益的关系是什么？

集体利益与个人利益是相互依存的。只有维护集体的利益，个人利益才有保障。保障个人利益是集体的责任，而集体利益是集体中每个成员努力的成果。因此，集体应充分尊重和保护个人利益，个人应积极关心和维护集体利益。当个人利益与集体利益发生矛盾时，个人应服从集体利益。

把自己代入对应这段话的具体案例中，例如，集体对应着你的班级，个人代表着你自己。"只有维护集体的利益，个人利益才有保障。"想一想军训的时候，一人犯错全班被罚的情形。

"集体利益是集体中每个成员努力的成果。"可以想一想因为每个人表现都出色，班级才被评为军训标兵班级的情形。把自己代入这样一个具体的案例，是不是感觉这段文字好记、也好理解了。

你可以举出很多类似的案例。根据调用底层模型的理论，只要你能亲临其境（把自己代入），就可以很好地理解和记忆。那究竟怎样才算亲临其境，又该如何验证？我们可以想象一下事件发生的那一刻，你的"五感"分别是什么？你想清楚"五感"是什么，就是已经亲临其境了。比如在上面的案例中，你感受到因为自己犯错全班受到惩罚而内疚的心情；想象教官和同学说的话；感受到评为标兵班喜悦的心情。如果有类似这些产生"五感"的体会，证明你已经亲临其境，代入真正情景了。

2. 把自己代入知识创造者角色思考

有一次一位学员问我："老师，我在学习显微镜的结构时，总记不住'目镜'和'物镜'，这两个概念常常会混淆，应该怎样区分呢？"

我们想象给显微镜部件起名字的人，他也会考虑怎样取一个好记、直观的名字，而绝不是乱设一个概念，让读者越难理解越好。所以，从这点出发，我们不难理解，目镜就是靠近眼睛看的那个零部件，而物镜则是靠近被观察物品的那个零部件。

知识创造者在构建新概念时，在保证严谨性的前提下，也希望读者更加好理解和记忆。所以，很多时候，当我们把自己想成创造者的时候，就很容易想明白这些知识的由来。

3. 把自己变成知识中的主角

我们要记忆的知识很多都是在描述事物与事物之间的关系。这时候，如果想象自己是知识中的事和物，你会发现瞬间知识就变得好理解、好记忆了。因为世界万物之间的联系绝对不是唯一的，把自己放进去，也许你就能换一个角度，通过自己身上的经历再次理解知识。

记忆案例：

摩擦力产生条件："相互接触且有弹力"＋"接触面粗糙"＋"有相

对 运动或相对运动趋势"。

想象你"创造""摩擦力"的过程：

第一步：找来一个正方体大铁块（感受它质量）。

第二步：放在粗糙的水泥地上（感受地面之间的弹力）。

第三步：推动大铁块（感受相对运动或趋势）。

对这个过程同样要有亲临其境的感受，记忆才会更加深刻。我们还可以配图表达上面的内容，增强记忆。

4. 用熟悉的事物替换知识中的事物

我们可以把自己熟悉的事物，替换那些新知识中的事物从而帮助记忆。

第七章

高效记忆公式之死记硬背

本章我们将继续对高效记忆公式进行介绍,为公式步骤②"理解"补充更多有效的方法。

这个"理解"可能与内容本身的意义毫无关系,纯属是为了"记忆"而理解。就像小时候记忆单词的时候在 apple 旁边写"阿婆",尽管 apple 与阿婆没什么关系,真正的发音也并不是那样,但是大脑却认为"理解"了,所以记住了。

这里把不用理解意义,却能把内容记下来的方法归为死记硬背类。这样的方法在一些知识的记忆当中,还真有奇效。

第一节 "死记硬背"有奇效

说到"死记硬背"很多人对它的印象并不那么好。它是指不用理解地记忆，死板地背诵。这其中有两个关键词"理解"和"死板"。我们怎样定义"理解"和死板的界限，就怎样理解"死记硬背"。

有一种记忆方式大家都会认为是死记硬背和死板的，即多看几次，多读几次，通过不断重复慢慢就记下来了。这是人们最不能接受的记忆方法。但是我们在前面提及过，重复是记忆必不可少的环节，记忆任何事情都必须依赖重复。比如小时候幼儿园老师和父母不断给我们灌输的 1—10 的数字、乘法口诀、古诗词、三字经……我们都是通过死记硬背的方式记下来的，甚至一记就是很多年，到现在还记得住。所以所谓"死板"的记忆不见得就是坏的。尤其在你还缺乏认知模型，不能通过调用认知模型来记忆的时候，你不得不用"死板"的方式来记忆。

还有一些非常流行的记忆方法，如"记忆宫殿法""定桩法""联想法""图像记忆法""奇象记忆法""连锁记忆法"等。这些方法如果用认知模型的观点，本质都是一样的，就是通过调用底层认知模型（"五感"），提升记忆效果。这种调用与上一章提到的调用的区别在哪里呢？区别在有没有考虑知识本身的意义。就是你根本不需要考虑知识的意义，也可以把知识记下来。好像在记忆万有引力的公式 $F_{引}=G\dfrac{Mm}{r^2}$ 就可以用这样的方法去记忆：$F-$飞机，$G-$哥哥，$Mm-$妹妹，r^2-草坪上的平房。编写故事：在飞机上，一个哥哥遇见两个万分有吸引力的妹妹，下飞机后送给他一间草地上的平房。只要调用认知模型，都能称为理解的过程。这种理解只是

第七章 高效记忆公式之：死记硬背

为了记忆编出来的"理解"，它虽然与知识本来的意义不符，但是却能欺骗大脑，让大脑记住。

这样的记忆方式会降低整体知识的泛化性，不利于知识矩阵搭建。像上面万有引力公式记忆的例子，里面只用了一种知识：编故事。如果你通过符合知识本身意义的理解记忆，则可能需要用到"万有引力定律""$F/G/M/m/r$ 代表的意义""系数 G 的实验由来""逻辑与比例"等知识。这些相关的重要知识都是可以为以后理解其他相关知识做服务的。

同理，如果只用谐音法记单词，可能你就错失了音标和自然拼读的学习；如果你只会用单词拆分法记单词，你可能就会错失构词和单词记忆语感；如果你只会用联想记忆古诗名与诗人的名字，可能你就错失一位出色诗人一生的阅历。虽然，"不管白猫黑猫，抓到老鼠就是好猫"的真理也能帮助你把知识记下，但是如果从长期来看，真真正正深入理解知识的意义，它给你带来的不仅仅是知识本身，而是一个知识矩阵，它会成为你未来学习的奠基石。

在我看来，这类不理解知识本意的记忆，也属于死记硬背。不过和重复"死板"记忆一样，它有局限性也有优越性，就看我们如何去用好它们。"死记硬背"也是一种有效的记忆方法。在日常生活中，"死记硬背"真能出奇效，有些情况甚至不得不"死记硬背"。

综上所述，"死记硬背"有两部分的内容，一部分是调用底层认知模型，例如采用故事编写法；另一部分是重复记忆。故事编写法也是一种理解，只是用自己的方式理解，其对应的是高效记忆公式步骤②。回顾复习则是对应高效记忆公式步骤④，我们也作为公式的常规应用方法来讲述。

①简化 + ②理解（调用认知模型） + ③配图 + ④重复 = 高效记忆

高效记忆公式

故事编写法

故事编写法就是把本来没有关系的词语通过编写故事的方式联系在一起,帮助我们把词语信息记下来。这种记忆思路可以延伸至知识的记忆(如下图)。因为我们只需要把知识简化成关键词,就可以用故事编写法记忆下来了。

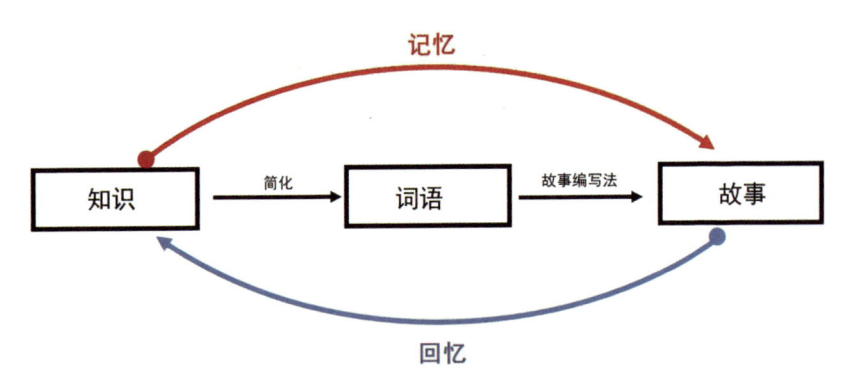

记忆

知识 →简化→ 词语 →故事编写法→ 故事

回忆

用故事编写法记忆知识

要用故事编写法记忆知识,前提是先要学会把若干毫无关系的随机词语编成一个好记忆的故事。这个编故事也是一门学问,因为如果你随便编一个故事,那么你会发现自己根本记不住——不是编了故事就能记住的。编故事的过程必须充分调用底层认知模型:"五感"。具体怎样操作,我们通过以下案例来说明。

很多人学习记忆法,都没有找"五感"这一步骤,所以即使编写故事了,还是记不住。因为只学了编故事,却不知道编故事背后的认知原理。最后一步检测很重要,如果你中间忘记了哪个事物,那么一定是故事中的"五感"不够强烈。这个时候我们再回顾修改故事,强化"五感",就能把它记住了。当然,如果你觉得有必要,可以给它配图记录下来。

记忆案例

按顺序快速记忆以下词汇：

狮子、拐棍、乌云、闪电、鸭子、池塘

故事： 狮子拄着拐杖戳天上的乌云，乌云打下来一个闪电，打到鸭子，鸭子掉到池塘里面了。

刻意找"五感"：

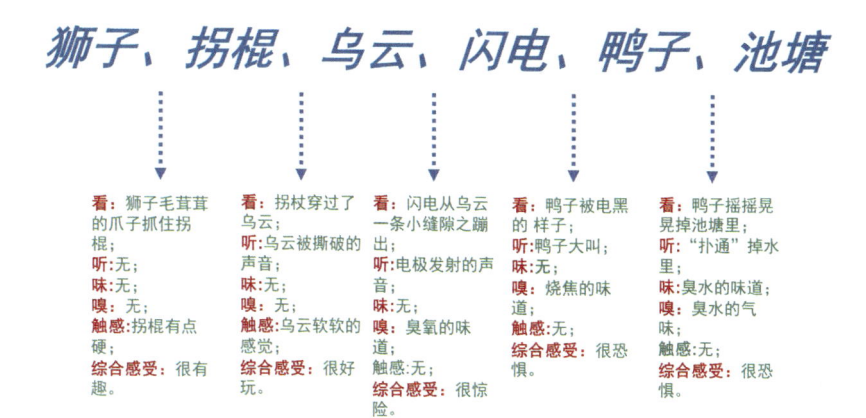

狮子、拐棍、乌云、闪电、鸭子、池塘

看： 狮子毛茸茸的爪子抓住拐棍；
听： 无；
味： 无；
嗅： 无；
触感： 拐棍有点硬；
综合感受： 很有趣。

看： 拐杖穿过了乌云；
听： 乌云被撕破的声音；
味： 无；
嗅： 无；
触感： 乌云软软的感觉；
综合感受： 很好玩。

看： 闪电从乌云一条小缝隙之蹦出；
听： 电极发射的声音；
味： 无；
嗅： 臭氧的味道；
触感： 无；
综合感受： 很惊险。

看： 鸭子被电黑的样子；
听： 鸭子大叫；
味： 无；
嗅： 烧焦的味道；
触感： 无；
综合感受： 很恐惧。

看： 鸭子摇摇晃晃掉池塘里；
听： "扑通"掉水里；
味： 臭水的味道；
嗅： 臭水的气味；
触感： 无；
综合感受： 很恐惧。

接下来就是检测了。回想故事，看是否能按顺序回忆出"狮子""拐棍""乌云""闪电""鸭子""池塘"。学会用这种方法，词汇再多，你也可以记下来。

故事编写的原则

1. 必须要有"五感"，亲临其境很重要

我们前面介绍过"五感"这个底层认知模型，它是我们认知的入口。在我们的学习思考中，一定少不了"五感"的存在，在故事编写法中，尤

其如此。死记硬背时，因为缺乏对知识的理解，记忆的时候也难以调用其他认知模型，故事编写法主要依赖"五感"认知模型。所以在这个方法中，每次记忆的时候，你必须想象词语和句子给你带来的"五感"，一定要有在故事当中亲临其境的感受。如果你养成了找"五感"的习惯，那么后期就不需要如此刻意地去找"五感"了。

2. 必须要简单，不要出现无关事物

编故事的时候尽量不要出现无关的事物。我们编写故事是为了把需要记忆的信息记下，所以不需要记忆的就不要出现在故事当中，否则会浪费思考的资源，没有必要。

3. 不要把"死物"拟人化

"死物"指的是那些没有手没有脚，没有任何动物特征的物品。比如椅子、汽车、麦克风、灯泡等。在编故事的时候，切记不能把它们当成人来编故事。例如麦克风在吃饭，椅子在跳舞，汽车最爱吹牛了。因为这些"死物"根本没有人的特征，在你的认知中也很少见到，所以，如果用它们来记忆，"五感"不容易产生，且容易忘记。但是如果这个物品是一只熊娃娃、一只玩具猴，这个时候把它拟人化那是可以的。因为它们具有人的一些特征，我们比较熟悉，编写故事好想象也好记忆。

那如果出现的全是"死物"的词语，怎样编写故事？我们可以把自己加进去。例如"麦克风""电脑"可以这样编写："我拿起麦克风把电脑敲碎了。"

4. 编写的故事逻辑性越强越好

一个熟悉的逻辑，更加符合我们的"常识"（底层认知模型），这样编写的故事更加好记忆。但是要注意的是，逻辑与是否真实不是同一个概念。很多学习记忆术的同学会把不真实等同于非逻辑。例如他们会认为，猫咬人是符合逻辑的，人咬猫就不符合逻辑了。事实和逻辑不是同一个维度的概念，不能把它们等同。逻辑强调的是因果、论证的过程。像在刚刚的案例中，如果人咬猫，我就给它加个前提：有人因为得了某种奇特的疾病，精神出问题了，所以见到猫就咬。你会发现，这样再次描述这个故事的时候，会变得更加好记，因为它有因果，强调了逻辑。

5. 如果输出要有顺序，那么故事中的事物也要按顺序编排

如果你要记的信息有顺序，编故事的时候也要安排好它们的顺序，不要颠倒，否则回忆的时候，可能顺序就错误了。如果顺序并没有特别要求，我们就可以根据编故事难易程度调整信息的位置。

故事编写法需要多练习，最好的练习方式是用随机词汇编写故事。很多人刚开始觉得有困难，不适应，认为自己想象力不够好。实际上不是我们想象力不好，而是理性的思考方式让我们不敢去想。多加练习放开想象就会慢慢好转。只要你关注"五感"，你编写的故事自然而然地可以达到夸张、离奇、好记的效果。

原因其实很简单，当你刻意找"五感"的时候，就是尽可能发现那些没那么容易被关注到的感官感受。原来没有的，你加上了，自然变得夸张、离奇了。比如手拿起瓶子很正常，但是如果非得要加感官，那就会变得很夸张了，例如瓶子很重，很冰凉，把手割出血，闻到血腥味。

一页纸唤醒学习力

第二节 故事编写法进阶

上一节我们通过记忆词组案例了解了故事编写法：

狮子、拐棍、乌云、闪电、鸭子、池塘

不知道大家有没有发现，这些词语都是一些"看得见、摸得着"的形象词语，它们直接就可以形成表象，很容易让我们产生"五感"，所以很容易编故事。

如果是抽象的词语呢？比如"伟大""实证""信用"，这些词汇如何去编写故事呢？对抽象的词语，在编写故事之前，还需要多加一个步骤，就是把抽象的词语形象化。

抽象词语形象化

1. 相关法

相关法就是当你看到抽象词时，可以联想起来相关的形象词。

案例：

抽象词"强壮"通过相关法可以转化成形象词"运动员"；

抽象词"困"通过相关法可以转化成形象词"枕头"；

抽象词"可爱"通过相关法可以转化成形象词"小猫"。

2. 谐音法

谐音法就是用发音相近的词语替换原来抽象的词。

案例：

抽象词"实证"通过谐音法可以转化成形象词"时针"；

抽象词"迟到"通过谐音法可以转化成形象词"刺刀"；

抽象词"朝气"通过谐音法可以转化成形象词"沼气"。

如果转化的时候你觉得有困难，你也可以利用输入法，找到合适的形象词。用输入法输入的时候，可以切换多组相近发音作尝试。以"实证"为例，可以输入"shizheng""shizhen""shzh""sz""sizh"等。

借助输入法找"谐音"

3. 能从抽象词联想到形象词的方法

除了上面两种常用的转化方法，你也可以根据实际情况，把抽象词形象化。只需要把握好以下两个原则：（1）转出来的是形象词（看得见摸得着）；（2）看着转出来的形象词，能够回忆起对应的抽象词语。

案例

抽象词"与时俱进"通过谐音可以转化成形象词"玉石菊"；

抽象词"发展生产力"通过相关可以转化成形象词"转动的齿轮"；

抽象词"本科"通过颠倒顺序、谐音可以转化成形象词"课本"；

抽象词"保险"通过增减字可以转化成形象词"保险柜"；

抽象词"优抚"通过谐音、望文生义可以转化成形象词"油斧——带油的斧"；

抽象词"团结力量"通过相关法可以转化成形象词"攥紧拳头"；

抽象词"福利"通过谐音可以转化成形象词"肥梨——大黄梨";

抽象词"推动科技"通过相关法可以转化成形象词"发动火箭"。

故事编写法之抽象词记忆

知道了抽象词转形象词的方法,我们就知道了如何记忆抽象词语了。

记忆案例

按顺序记忆以下词汇:

酒杯、春天、机票、战斗机、汤汁、原谅、疑惑、姿态

抽象词转化形象词:

酒杯、桃花(相关)、机票、战斗机、汤汁、月亮(谐音)、烟火(谐音)、站台(谐音)

故事:

我拿起酒杯,往酒里面放了一些桃花,喝了之后买了一张机票飞国外,买了一架战斗机。我开着战斗机边喝汤汁边赏月亮,最后给自己点了支烟火,觉得没意思就把战斗机停在站台上了。

一段时间练习过后,在编写故事过程中,你有很强的亲临其境的感受,那么你就可以不用刻意找"五感"了。

检测:看能不能把所有的词语回忆出来,如果有记错的,做两方面调整修改:一是"五感"清楚了吗?二是转化成的形象词能准确还原成抽象词吗?

定位法

故事编写法把词汇一个一个地关联起来，记住了故事就记住了所有词语。但是也会存在问题，当信息量很大的时候，编写的故事非常冗长，又会变得非常不好记忆。这个时候就需要使用定位法了。定位法是在你非常熟悉的房间、风景区、街道店铺等空间当中，整理出清晰并且按顺序排列的标记。记忆的时候在每个标记处编写故事，同时加入"五感"，辅助完成记忆。

定位法相当于把要记忆的信息分成多个组块，每个组块和标记编写一个故事。标记一定是自己非常熟悉的标记，才能强化记忆。定位法是特殊故事编写法。这种方法也称"地点法""定桩法""记忆宫殿法""挂钩法"等。

用好定位法你可以看到惊人的记忆效果。例如用定位法记忆扑克牌，你可以按顺序正背倒背 52 张扑克牌内容，并且还能挑战随机抽背：比如倒数第 23 张，正数第 34 张等，做到真正倒背如流。很多"记忆大师"甚至能把几十副扑克牌记下来，使用的通常就是定位法。为了达到记忆效果，他们会在大脑里准备成百上千甚至上万个非常熟悉的标记。

1. 整理出清晰并且按顺序排列的标记

整理出标记是定位法的核心，也是定位法前期的准备工作。你可以在任意地方找标记，不管你在哪里找，你只需要整理出一套你熟悉到可以倒背如流的标记。要达到这种熟悉程度，技巧上一般找那些比较固定的事物，另外按照平时我们认知习惯找，可以是从上到下、从左到右、从里到外、常识、固定的操作流程等。

找标记的案例

在房间里找，如进家门顺时针方向：大门、鞋架、屏风、沙发、书柜、电脑、阳台门、电视柜。

在车上找，如开车步骤流程：钥匙、车门、驾驶座、安全带、方向盘、后视镜、挡风玻璃、手刹、离合器、油门。

在熟悉的知识中找，如本身便有顺序的数字：1、2、3、4、5、6、7、8、9、10。

在身体上找，如从上到下：头、耳朵、眼睛、鼻子、嘴巴、脖子、胸口、肚子、手、大腿、膝盖、脚底。

找完标记之后，我们可以用笔记记下来，并尝试检测回忆是否可以倒背如流。如果回忆的时候发现漏掉或者顺序错误，那可以再重复一两次回忆。如果还是在同样的地方出错，证明此处的标记不够熟悉，我们可以把它删掉或者换掉。

2. 把要记忆的信息与标记编成故事

你可以自己梳理出若干套标记，用于定位法记忆。接下来，与故事编写法类似，使要记忆的信息与标记发生关系。这个过程同样要找到要记的信息，并标记直接的"五感"。

十二生肖记忆案例

鼠、牛、虎、兔、龙、蛇、马、羊、猴、鸡、狗、猪

选用身体的标记：

头、耳朵、眼睛、鼻子、嘴巴、脖子、胸口、肚子、手、大腿、膝盖、脚底

故事编写：

头——鼠，头上有一只老鼠在乱窜；

耳朵——牛，一只牛站在肩膀上朝着耳朵叫，还不断用牛角挖耳洞；

眼睛——虎，眼睛变成老虎一般的眼睛，凶猛的样子；

鼻子——兔，鼻子伸出了两只兔耳朵；

嘴巴——龙，嘴巴吐出了一条龙；

脖子——蛇，一条蛇缠绕着你的脖子；

胸口——马，一头马飞奔过来撞到你的胸口上；

肚子——羊，一头羊依偎在你的肚子上；

手——猴，手上抓着一只猴子，它不断在挣扎；

大腿——鸡，大腿的裤兜里面装着一只公鸡；

膝盖——狗，一只狗拉着你膝盖位置的裤子；

脚底——猪，脚底踩着一只猪。

这个步骤记得要加入"五感"，印象才会深入。

检测：看能不能把所有的词语回忆出来，可以挑战一下是否能够倒背如流。通过定位法来记忆，能帮助你非常清晰地记下信息的顺序，不管怎样提问，你都可以快速地回答。

故事编写法可以帮助你快速记忆那些不好理解的信息。那具体怎样运用在知识记忆当中呢？我们在下一节中通过案例来说明如何将这一方法和高效记忆公式结合起来。

第三节 高效记忆公式综合应用

学到这里，高效记忆公式可以用下图来总结：

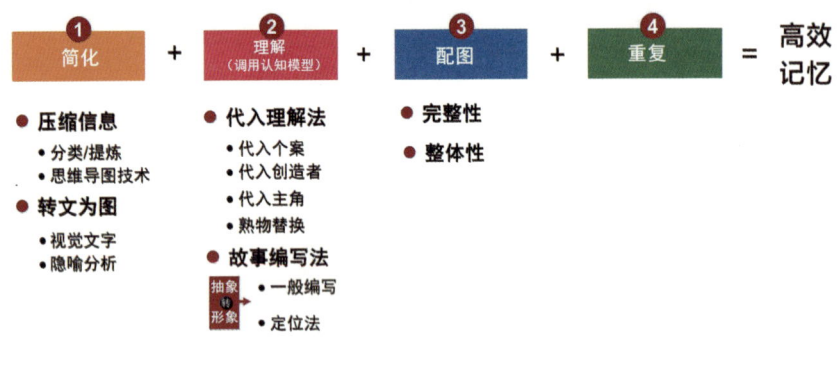

```
①简化 + ②理解(调用认知模型) + ③配图 + ④重复 = 高效记忆
```

- 压缩信息
  - 分类/提炼
  - 思维导图技术
- 转文为图
  - 视觉文字
  - 隐喻分析

- 代入理解法
  - 代入个案
  - 代入创造者
  - 代入主角
  - 熟物替换
- 故事编写法（抽象→形象）
  - 一般编写
  - 定位法

- 完整性
- 整体性

高效记忆的万能公式

只要多加练习灵活使用，记忆会变得十分高效。

记忆案例

注入太平洋的河流有黄河、长江、黑龙江、湄公河。

案例分析

这个案例记忆以词语为主，可以考虑使用故事编写法。

套用高效记忆公式：

第一步，简化。

第七章 高效记忆公式之：死记硬背

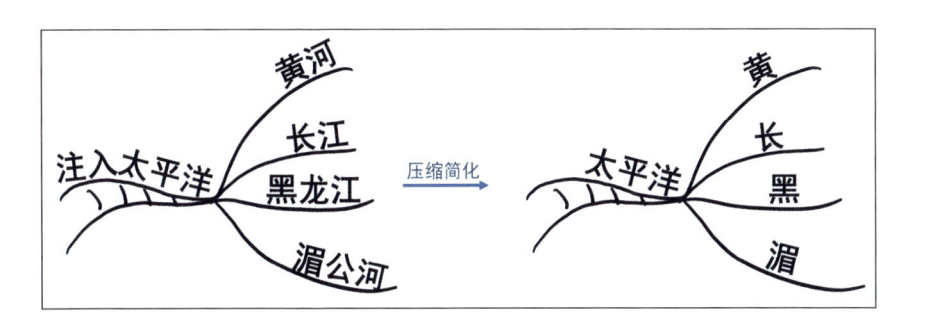

第二步，选择记忆方法。

1. 我们这里选用故事编写法，首先对抽象词语进行形象化。

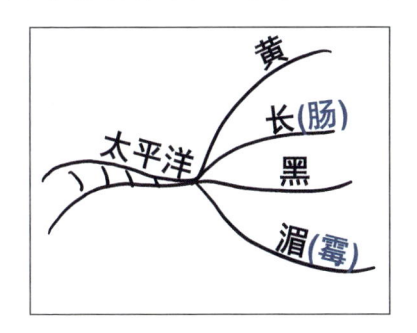

2. 故事编写：太平洋注入了很多黄色的火腿肠，长出了黑乎乎的霉。

第三步，配图。

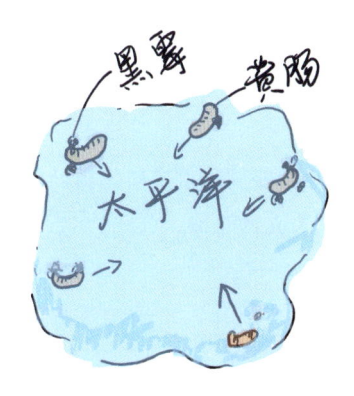

这些步骤不是每一步都必须要有，如果你进行完第一步就能记下了，后面的步骤也可以忽略。公式一定要在了解原理的基础上根据需要灵活使用。

应用案例

人物名字记忆（以下名字均为虚构）。

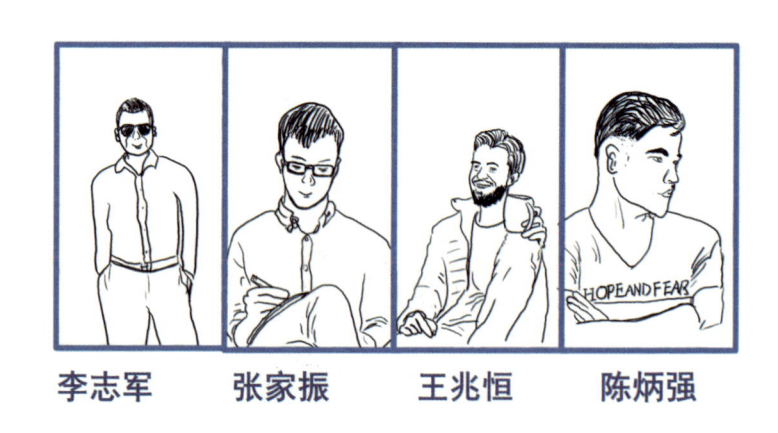

| 李志军 | 张家振 | 王兆恒 | 陈炳强 |

案例分析：

人物名字的记忆，先要把肖像图像与姓名联系起来，编写成故事达到记忆效果。我们可以把你对人物的第一感觉作为对图像的概括，也可以用词语列出人物特征。

图像需要简化，姓名是否要简化就要看你自己的需要了。可以全部保留，也可以只保留 1~2 个字作为人物简称。

第一步，简化。

第七章 高效记忆公式之：死记硬背

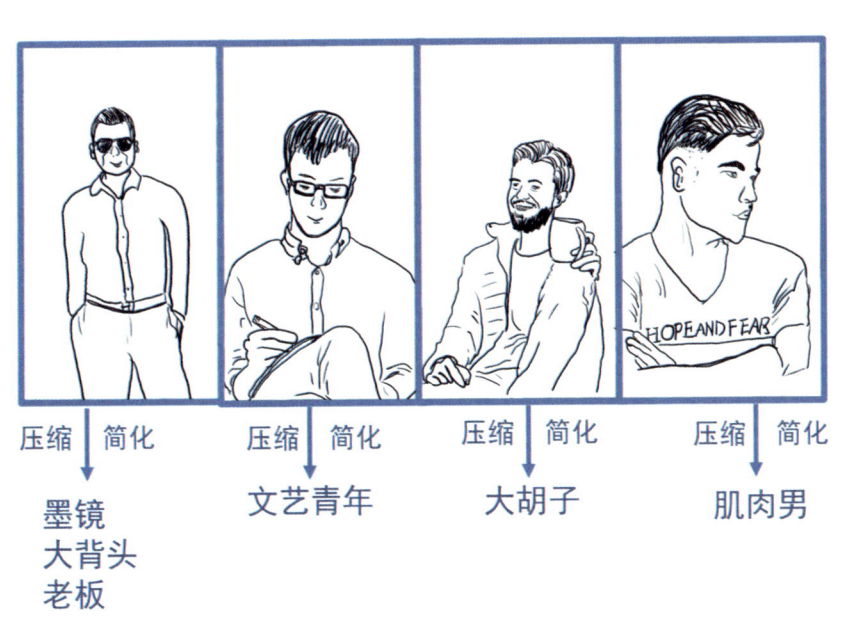

压缩 简化	压缩 简化	压缩 简化	压缩 简化
墨镜 大背头 老板	文艺青年	大胡子	肌肉男

对图片信息进行简化

李志军	张家振	王兆恒	陈炳强
压缩 简化	压缩 简化	压缩 简化	压缩 简化
志军	家振	兆恒	炳强

对文字信息进行简化

第二步，选择记忆方法。

1. 把所有抽象词转化为形象词。

志军	家振	兆恒	炳强
↓转化	↓转化	↓转化	↓转化
紫菌 （紫色的细菌）	家震 （家里震动）	招行 （招商银行）	冰墙 （冰块堆砌的墙）

2. 编写故事。

墨镜老板——紫菌：墨镜老板的大背头上长出很多紫色的细菌；

文艺青年——家震：文艺青年在家玩音乐，声音把家都震坏了；

大胡子——招行：大胡子是招行业务员，因为胡子太多都没业务了；

肌肉男——冰墙：肌肉男连脸上的肌肉都是发达的，一点笑容都没有就像一堵冰墙。

如果觉得有必要，还可以给每个故事配图，然后贴在显眼的地方，有时间看一下帮助回忆。

应用案例

出门购物前，可以先把你要买的物品记下来：

洗洁精、卫生纸、沐浴露、牙膏、米、花生油、味精、牛奶、面包

案例分析：

这个案例使用一般故事编写法或者定位法都可以。

第七章 高效记忆公式之：死记硬背

记忆案例

喝茶有以下注意事项：

不要用茶水服药；

睡前不要喝茶；

不要喝太浓的茶；

不要空腹喝茶；

不要喝隔夜的茶；

案例分析：

这是一段文字信息的记忆，按照公式先将其简化。

第一步，简化。

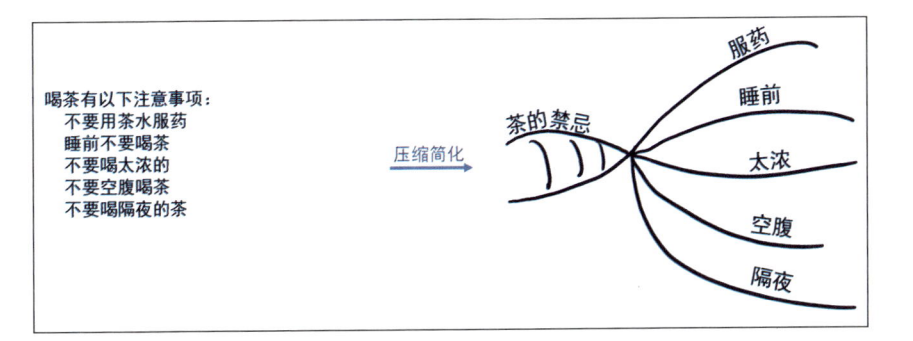

```
喝茶有以下注意事项：
不要用茶水服药
睡前不要喝茶            服药
不要喝太浓的    压缩简化   茶的禁忌  睡前
不要空腹喝茶      →              太浓
不要喝隔夜的茶                   空腹
                                隔夜
```

第二步，选择记忆方法。

把自己代入情景中，想象某一天，自己一次性把喝茶的五个禁忌同时都犯了。

第三步，配图。

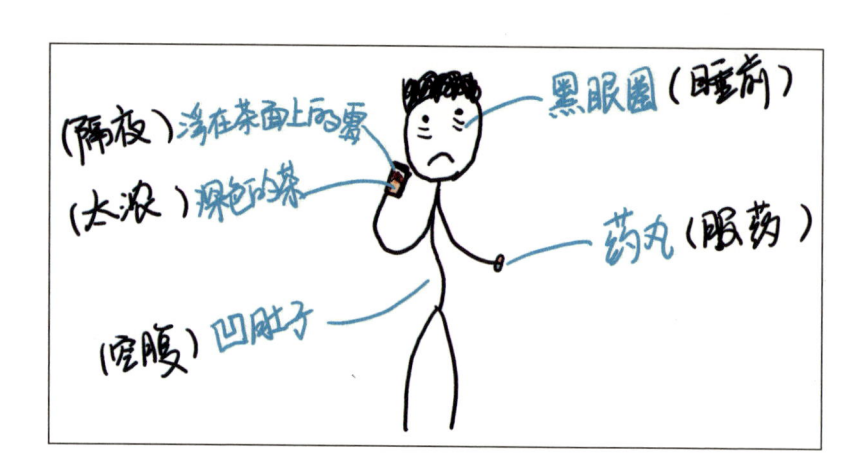

应用案例

青春期的心理矛盾主要表现有哪些?

答：反抗与依赖、闭锁与开放、勇敢与怯懦的矛盾心理。

案例分析：

这个记忆案例有一定规律，它的关键词语组成一对对反义词。记忆的时候，记下其中一个，便可以推出另一个。

记忆时套用记忆万能公式：

第一步，简化。

第二步，选择记忆方法。

这个案例可以采用代入理解法，同时用故事编写法将抽象词转形象词作为辅助。闭锁与开放把它转化成房间门的关闭与打开。

编写故事：青春期的我，在客厅与母亲大吵了一架后（反抗），跑进房间用力把门关上（闭锁），然后大哭（懦弱）了一场。过了很久，我觉得我太冲动了（勇敢），把房间门打开（开放），抱住妈妈（依赖）。

第三步，配图。

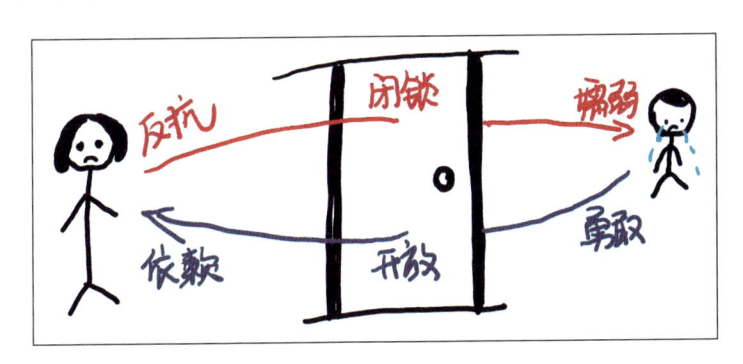

应用案例

单词记忆：language 语言

案例分析：

单词不好记，是因为出现在你面前的信息你不熟悉。思路依然是简化分块，然后用故事编写法把每个组块连起来。

第一步，简化。

lan+gua+ge= 语言

第二步，选择记忆方法。

故事编写法，抽象词形象化：

lan（烂）+gua（瓜）+ge（哥）= 语言

故事编写：烂瓜哥要把瓜卖好，必须精通各国语言。

第三步，配图（可省略）。

  这里的难点在于简化，一般可以从音节、拼音、谐音等方式去思考，原则上简化出来的组块越少越好。这只是一个示例，我们不提倡所有单词都用故事编写法去记忆，除非你真的是基础为零，且完全没英语学习的条件和机会。故事编写法记单词只是针对那些特别难记的单词，记忆单词还是要以词源、词根、词缀、拼读、语感、音节，以及单词规律等方式记忆为主。和所有知识记忆一样，增加单词可复用性才是记忆单词最有效的方法。

  高效记忆公式可以帮助大家高效记忆，在使用的时候努力去理解原文意义，优先选择代入理解法，哪里记不住、记不好，再用故事编写法。

  把知识记下来，并不代表你掌握知识了。还需要增加知识的复用性，让知识在脑海中形成认知模型，才能真正融会贯通。下一节，我们来了解万能公式的步骤④：重复。

第四节　知识矩阵

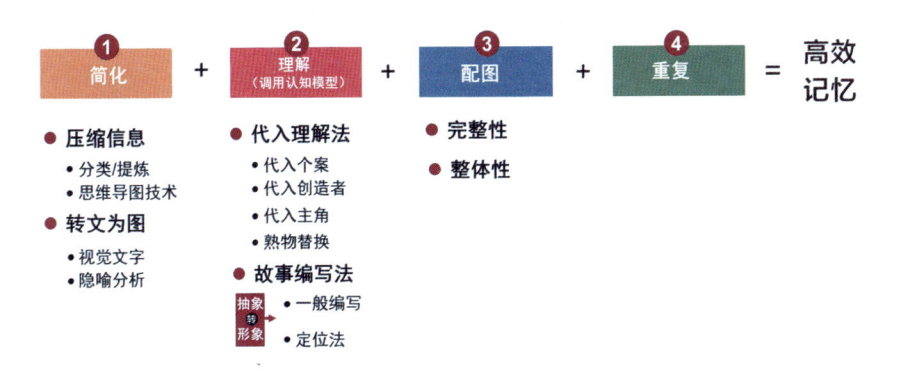

① 简化 + **② 理解（调用认知模型）** + **③ 配图** + **④ 重复** = **高效记忆**

- **压缩信息**
  - 分类/提炼
  - 思维导图技术
- **转文为图**
  - 视觉文字
  - 隐喻分析

- **代入理解法**
  - 代入个案
  - 代入创造者
  - 代入主角
  - 熟物替换
- **故事编写法**（抽象转形象）
  - 一般编写
  - 定位法

- **完整性**
- **整体性**

本节重点讲述高效记忆公式最后一个步骤——重复，这也是记忆当中必不可少的一个环节。我们常常把重复看成"死记硬背"。但是重复实际是知识不被遗忘的保障，它是让大脑判断知识是否重要的依据，是大脑决定认知模型记忆权重的依据（第六章第一节）。

在平时的知识学习中，我们很依赖重复。第一种重复的方式是复习。复习是很多人主要的，甚至是唯一的学习方式。

要知道需要学习的知识太多，如果仅依赖复习去达到记忆的目的，那么你的时间根本不够用。

另外一种重复的方式，就是增加知识的可复用性。

查理·芒格说："每个人要理解这个世界，需要找到自己的底层认知模型。这些模型应该来自不同学科和方面，大概 80~90 个认知模型就可以帮你处理 90% 以上的问题。"查理·芒格说到的 80~90 个模型让知识的可复用性非常高，让知识泛化，让它们能解决更多的问题，形成良性循环。

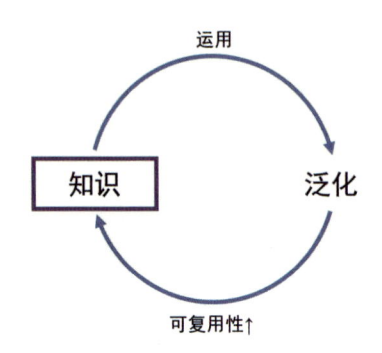

运用 → 知识 → 泛化 → 可复用性↑

记住知识不等于构建了相应的认知模型

对于知识而言，要构建相应的认知模型，必须保证认知模型的泛化能力与知识一致。知识是泛化的，而你通过学习构建起来的认知模型未必就是泛化的。很多人却把记住知识等同于已经构建了相应的认知模型。比如通过对二次函数学习，你构建了一个二次函数的认知模型（如下图）。学习的时候，书本告诉了你一些案例，比如当 $x=2$ 的时候，$y=15$，你理解了，也记住了。但是这就意味着你真的掌握知识了吗？

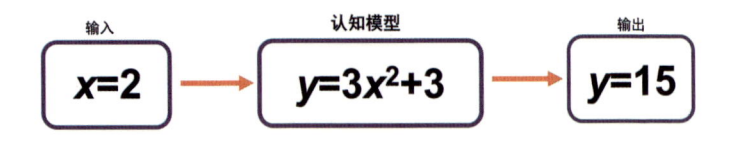

输入 $x=2$ → 认知模型 $y=3x^2+3$ → 输出 $y=15$

当 $x=-3$，甚至 x 为另一个变量的时候你可能就不知道如何去使用了。

知识本身具有的泛化性，但在被我们转化成认知模型之后却被削弱了。这就解释了，为什么很多人花那么多时间去学习知识，最后解决问题的能力并没有改变。即使你认真钻研并记下了查理·芒格 80~90 个认知模型，你也永远赶不上查理·芒格。因为即使你和查理·芒格表面上学习的知识是一样的，但是相对应的泛化的认知模型却完全不一样（如下图）。

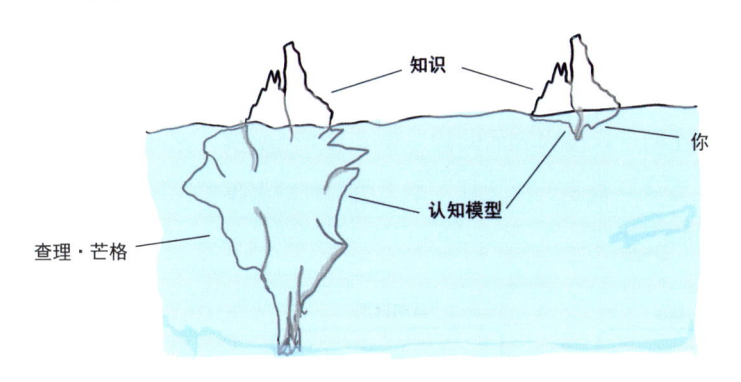

理解记下一些知识不等于构建了具有泛化能力的认知模型。

认知模型泛化性越低，可复用性越弱，用的地方少了，慢慢就遗忘了。

所以，增加知识可复用性的前提条件就是构建具有泛化能力的认知模型。

那我们应该如何增加认知模型的泛化性呢？刻意增加输入案例，训练相应模型的泛化能力。泛化能力强了，它能解决更多问题，可复用性增强，由此形成良性循环（如下图）。

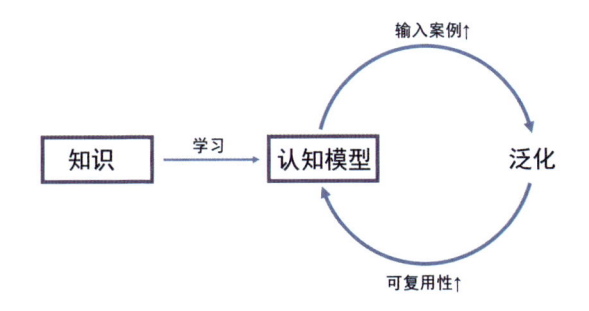

构建具有泛化能力的认知模型

例如你在《暗理性》一书中学习了一个知识点：情绪都是有其存在价

值的。书里面举了很多案例,看完之后,你也能把这句话记下来。但是,对建立的认知模型,如果没有给它足够的输入,去验证它,去增加它的泛化性,那么很快就会忘记。

所以,在阅读这段内容的时候,除了书上的案例,你可以回忆生活中的案例,训练认知模型的泛化性(如下图)。输入越多、越复杂,越能增加认知模型的泛化性。

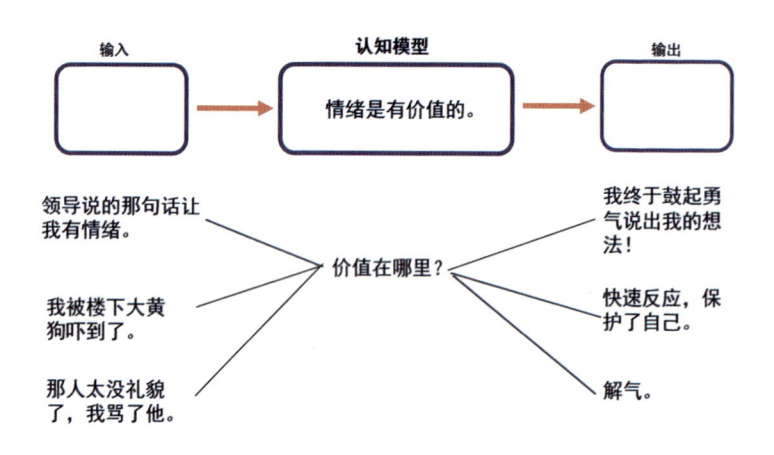

增加输入案例训练认知模型的泛化能力

但是,用系统的观点来思考,系统是无限的,知识也是无限的。我们既要记忆无限知识,还要有无限大量的时间去训练知识,这是不现实的(如下图)。

这个时候,我们就要把知识构建成紧密关联的网络:知识矩阵。

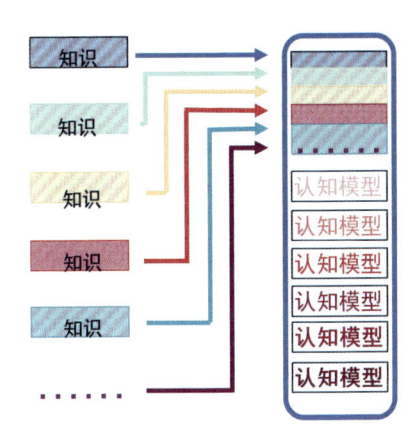

我们无法掌握所以的知识

知识矩阵：认知模型的合并、重组、删减、使用

知识矩阵是我们通过学习和探索，以事物的基本规律和知识构建而成的认知模型网络。

在学习过程中，我们会用旧知识来支撑对新知识的理解；当发现更新的知识的时候，我们又会删除旧知识，选用新知识；还会通过自己总结，总结出你特有的认知。

这样的学习方式让我们的认知模型不断地合并、重组、删减、使用，不断重构，最终形成可复用性极高的部分（图中颜色重叠部分），也就是你个人的知识矩阵（如下图）。它们是你所有知识的交集，是你的认知事物的底层思考逻辑和素材，甚至是你的价值观和世界观，会影响着你对新知识的选择、吸收。

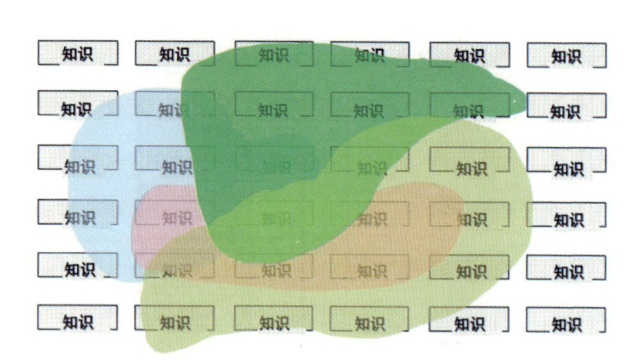

知识矩阵与知识体系的不一样在于，知识矩阵反映的是个人知识在认知模型中的实际存留情况，知识体系更多的是我们所学知识的整理。

知识矩阵优化

知识矩阵是大脑自然选择减负的结果，也是自然的真正"功利学习"的结果。你用得上的知识留下了，用不上的都遗忘了。优化个人知识矩阵，是我们学习的时候要考虑的很重要的事情。

1. 找到泛化性强的知识

当今时代是一个知识大爆炸的时代，知识学不完，也没必要学完。所以在学习时要去找具有很强的泛化性的底层规律，让一个观点可以使用在很多地方。

一是找到那些更能解释本质，可操性更强的观点。

二是把学到的案例和观点进行总结，归纳出更能解释本质，可操性更强的观点。

最终目的就是找到那些更能解释本质，可操性更强的观点，去搭建和优化你的知识矩阵（如下图）。

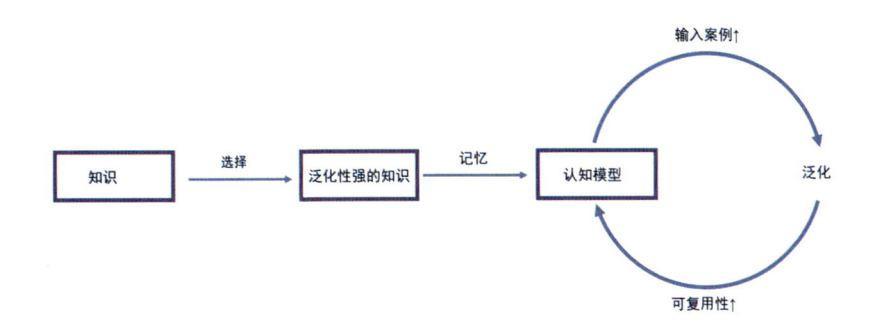

[图：知识 →选择→ 泛化性强的知识 →记忆→ 认知模型 ⇄ 泛化 / 输入案例↑ / 可复用性↑]

2. 加强知识的可复用性

知识矩阵在不同时期，其主要构成可能不一样。读书时期的基础学科知识就是具有很强泛化性的知识体系，也是我们必须要构建的知识矩阵。

对于生活中没有太多实际应用的学科知识，怎样让它们保持可复用性呢？

"刷题"（反复做题）就是一种增加知识可复用性的方式。

（1）不断回归原始知识

"刷题"的时候，相当于给已经学习的知识输入案例，最后保证自己的相应认知模型具有泛化能力。但是很多人在"刷题"，却没有增加知识矩阵的可复用性，所以，记下来的知识很快又会忘记了。

例如很多人在学习的时候，习惯用错题本。记录错误避免再次出错是一件好事。但是，如果仅仅记录错题的题型、解题过程等，却忘记找到错题源于哪一章哪一节的知识没理解好，忘记做题是为了增加知识的泛化性，就无法达到巩固知识的目的。

最后，会发现根本记不住题型，下次做题时还是会重复犯同样的错误（如下图）。

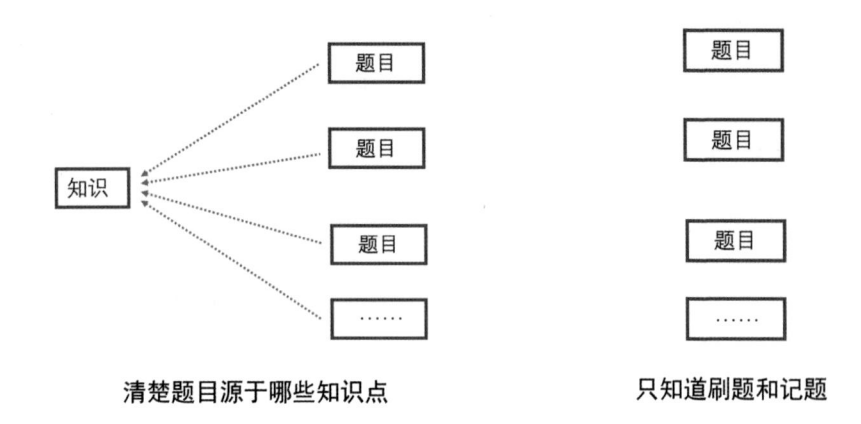

清楚题目源于哪些知识点　　　　　　只知道刷题和记题

我们只有把每道题回归到教科书对应的基本知识和概念之上，才能形成自己的知识矩阵，泛化性越强，"刷题"正确率也会越高。

（2）扩展知识使用的边界

很多人说课本里学的知识只能靠"刷题"完成，根本无法在实际生活中运用，所以只能抓紧时间看书、复习、"刷题"了。认为知识缺少复用性，有时候是因为我们对应用场景的思考有局限导致的，知识的运用需要我们去发现。

比如在坐地铁时，地铁启动那一刹那，你是否可以感受加速度、惯性、速度的定义和相关物理知识？在地铁里的广告上是否能找到你学过的英语单词？地铁上有年轻人、有老年人，是不是可以联想到一些生物知识？当我们有这样扩展知识边界的思维时，就随时随地能够增加知识的可复用性，让知识泛化，得到更长久的记忆。

第八章

从本质中挖掘出的创新力

第三章我们了解了系统的复杂性，在复杂的系统面前，不确定性和变化成为我们日常生活和工作的常态。如果说，有什么是永恒不变的，那只有是变化。而在这复杂多变的系统当中，创新是做出有效改变的有力手段。

本章我们将了解发散思维，以及用发散思维帮助我们做创新思考。

第一节　用发散思维发掘创意

从"飞机"这一词语，你可以联想到什么呢？我会想到"乘客""天空""太阳""机长"等。不同的人可能说出不同的答案（如下图）。

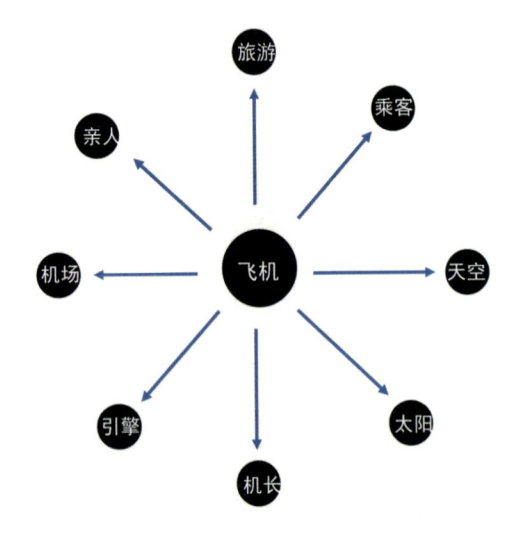

对于大脑认知模型而言，中心点"飞机"是输入，在没有其他限制条件下，"飞机"这一个宽泛的词语可以给我们带来很多联想。我们把从一个事物联想起另外若干事物的过程，就叫作发散思维，"乘客""天空""太阳""机长"等这些通过联想得出的词语叫作发散结果。思维发散是"脑补"的过程，是我们一切思考的基础形式。

发散思维具有时序性，只可以重复从中心单次联想形成。下图所展示出来的，就是通过 8 次联想形成的（联想开花）。

第八章 从本质中挖掘出的创新力

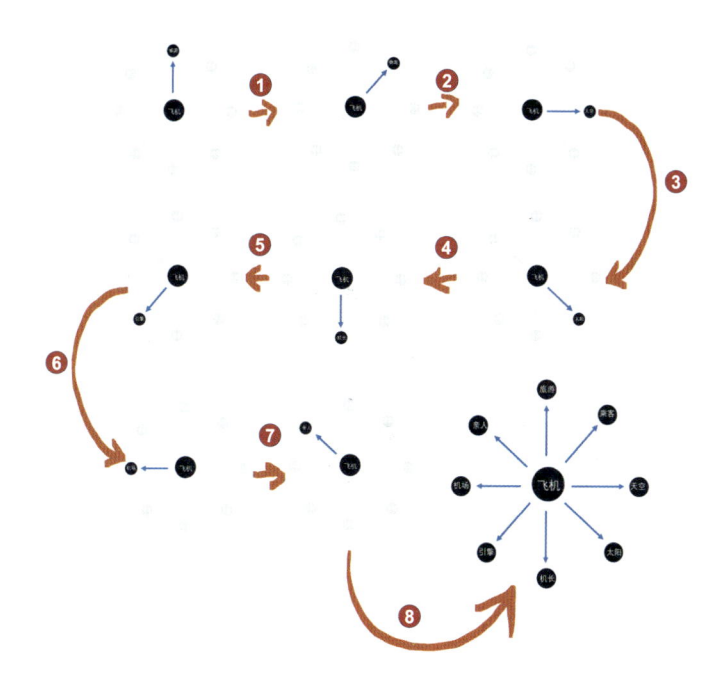

这样一来，随着中心点的不同，联想方式就可能有两种情况出现。一种是从某固定中心起点开始进行联想（上图），在思维导图技术中我们称之为联想开花。另一种是每次都以发散结果为新的起点，在思维导图技术中称之为联想接龙。

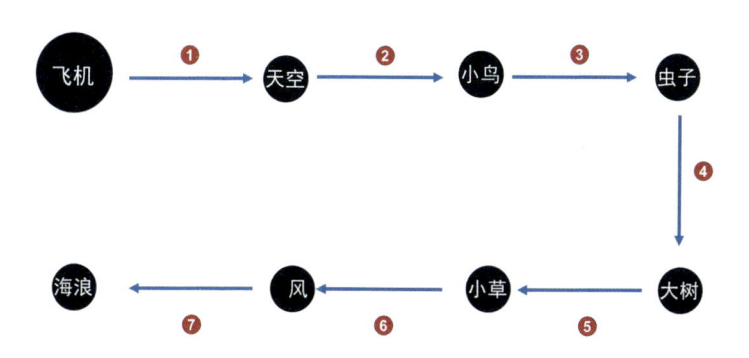

两种联想方式强调的思维轨迹不同，关注点不同。前者由始至终只关注一个中心点，注意力集中且更加全面。后者不断变换中心点，关注点跳动，更容易跳出思维边界。这两种方式一起运用，将形成一个庞大的思维网络，也就是我们常说的发散思维（如下图）。

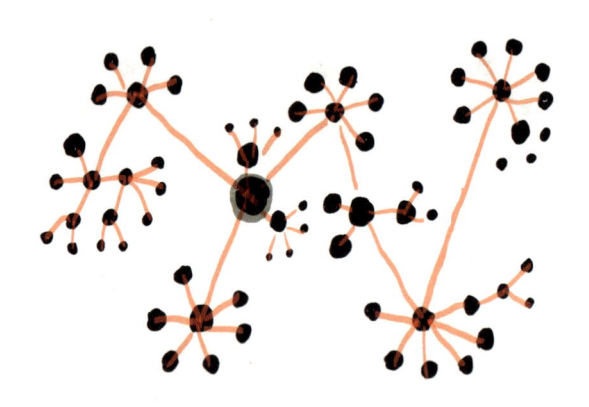

我们可以看到上面联想开花与联想接龙的差异在于思考起点的不一致。我们从"飞机"快速联想到"天空"，并没有经过过多的系统思维，这就是最为直接的发散思维。

用单纯的发散思维做创意

发散思维是基础的创新思考方式，其活跃性与随机性可以给我们带来创意。现实生活中的创新要比理论复杂太多了。仅仅依赖单纯的发散思维有太多随意性，有时候未必能解决问题。发散思维方式用在问题解决上，就是不断试错的过程，因此效率低，失败率高。

曼陀罗（九宫格）创意

曼陀罗（九宫格）思考法是日本今泉浩晃博士在一次旅行中从曼陀罗

第八章 从本质中挖掘出的创新力

图样中得出的灵感而设计的思考工具。它以九宫矩阵为基础，8×8发散式结构，可以快速产生多种创意。

曼陀罗图样

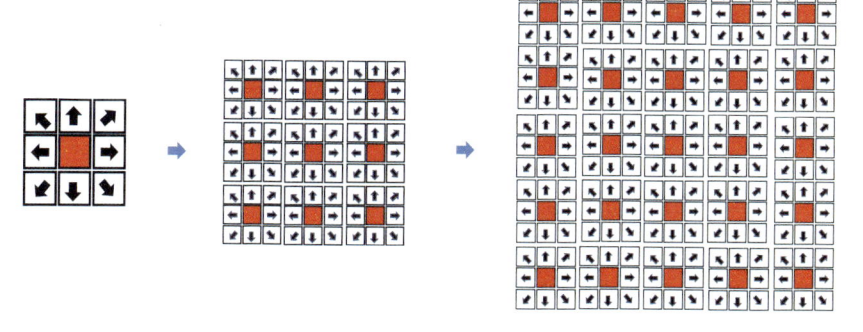

曼陀罗（九宫格）8×8 发散结构

曼陀罗创意也是发散思维的一种，但是对发散的结果做了要求和限制。用曼陀罗（九宫格）做发散思考，保证有8个发散结构，每个发散结果都能被再次发散。这种发散笔记做起来比较工整，且能关注到每个发散结果(如下图)。与前面介绍的单纯的发散思维相比,它的发散随机性降低,通过引导,它"强迫"我们认真对每个发散结果进行思考,尽可能保证发散的全面性。

一页纸唤醒学习力

妈妈	爸爸	奶奶	朋友	日本	大巴	出国	电脑	警察
爷爷	亲人	表哥	驴友	旅游	身份证	门卫	身份证	号码
妹妹	哥哥	表弟	爬山	风景	大海	照片	丑	卡片
飞机	旅游	行李	亲人	旅游	乘客	梨子	小鸟	白云
空姐	机场	推车	机场	飞机	天空	雨水	天空	宇宙
机器	登机	广告	引擎	机长	太阳	太阳	灰尘	虫子
汽油	电力	风力	高大	皮带	帽子	亲人	旅游	乘客
转动	引擎	凉快	机舱	机长	衣服	机场	飞机	天空
马力	维修员	螺旋	跳舞	善良	技术	引擎	机长	太阳

用曼陀罗（九宫格）做发散思考

曼陀罗（九宫格）在创意上的应用与发散思维类似：没有其他创新思路的时候可以使用。缺点也很类似：效率低，失败率高。

头脑风暴做创意

头脑风暴又称 BS 法、智力激励法、自由思考法、畅谈会或集思会，是由美国创造学家 A.F. 奥斯本首创的一种激发性思维的方法。通过组织小型会议让参会者在短时间内围绕某一主题进行碰撞构想，从而创意性找到问题解决方法。头脑风暴也是发散思维，但是组织者需要对参与人进行指引，让大家既要积极参加，大胆表达出自己的想法，又要紧密围绕着主题，不要偏离主题。如果做不到这些，会造成效率低下且浪费大量时间。头脑风暴的组织非常考验组织者的能力（如下图）。

准备工作 → 说清主题 → 写便利贴

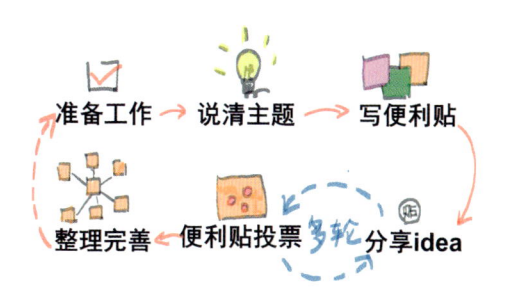

整理完善 ← 便利贴投票 多轮 分享idea

第 1 步，前期准备

（1）人数不能过多。头脑风暴过程要保证每个人都能发言和得到及时关注，人数在 6~8 人为宜。

（2）提前规划好时间。单次活动设置在 60 分钟比较合适。如果是大型的项目讨论，可以把讨论主题划分成若干小主题。根据自己情况，规划多个时间段进行。

（3）提前通知成员。

· 预告项目讨论的主题和时间。

· 提前要求成员为主题准备 5 条创意，让大家预先从自己的角度收集想法，为头脑风暴做良好的预热准备。

（4）组织者必须先对主题及头脑风暴的流程做深入的了解和熟悉。进行头脑风暴的时候，组织者的任务是组织、管理、引导，绝不是抛一个话题让大家自由讨论，然后收集大家成果。如果组织者自身对主题不了解，很难做到正确引导，收集的想法往往也不痛不痒，达不到效果。

（5）准备工具。

· 不同颜色的便利贴。

· 圆点贴（1mm）。

·计时器。

（6）如果有条件，可以准备录像机录下会议过程或安排记录员记录会议纪要。后期在创意整理的时候，如果忘记具体内容，可以翻看记录。

第2步，主题介绍

这一步骤是介绍头脑风暴的规则和主题介绍。

（1）每次只说接下来要做什么。我们不需要一次性把整个头脑风暴的过程都告知大家，只需要一步步引导，告诉成员接下来要做什么即可。

（2）告诉大家一个主题。主题是头脑风暴的核心，关乎是否能引导成员往正确的方向思考。组织者要介绍清楚主题的背景和具体情况，最后用一句话把主题写在白板显眼处。在表达主题的过程中，要避免主题过于宽泛。所以主题不宜写成关键词，适合写成句子。主题的设计以简单且具体为优，例如"为厕所设计新产品"就没有"人在厕所中可能遇到的问题"这个主题好。

第3步，写便利贴

（1）选择便利贴。不同的收集创意环节，用不一样颜色的便利贴以做区分。

（2）给成员5~10分钟独立思考的时间，让大家在便利贴上写10条创意。

（3）便利贴书写没有什么限制，可以写关键词，可以写句子，也可以写短语，甚至配图。

便利贴主要让大家给自己独立思考的结果做简单记录，只要成员自己能看明白并复述就可以。

（4）最后，要让大家在便利贴上写上名字，告诉大家这只是为了方便整理，不需要有压力。

第 4 步，分享创意

（1）轮流分享。大家找一面墙围起来（也可以是桌面），每个人轮流逐条分享自己的创意，并把创意贴到墙上。成员在分享的时候，跳过那些与前面成员重复的创意，并且要求其他成员整个过程对内容不做评判。贴的时候，便利贴与便利贴之间要留出空间（预留 2~3 张便利贴宽度）。

（2）记下新灵感。要求大家拿若干张便利贴（统一新的颜色），如果在听到分享者的创意后激发出其他灵感，马上记下。一位分享者记录在同一张便利贴上。

第 5 步，投票

（1）请每人选出 3 条最能打动自己的创意，并在对应那一条创意后方贴上圆点贴。注意不要遮挡上面的内容。

（2）这个过程只说明贴圆点贴的方式，不要做太多投票标准的引导。

（3）所有人都要同时投票，不要相互商量。

第 6 步，多轮循环

（1）让大家记录新灵感，然后又可以开始新一轮的分享。

（2）每一轮使用的便利贴与圆点贴颜色都要统一且与其他轮不一样，这样方便做区分。

（3）就这样不断重复 4、5 步，直到灵感收集得差不多，可以解决问题。

第 7 步，整理完善

本次头脑风暴就基本结束了，接下来处理收集回来的创意。组织者需要对收集的想法进行分类、整理、总结、删减，梳理出思维导图。这一过程建议由组织者或归纳能力比较强的人一人完成即可。

第 8 步，补充并准备下一轮

整理好大家的想法之后，需要对整理出的思维导图进行说明，并让成员继续口头补充。

接下来，就根据这次头脑风暴的结果，规划下一轮的头脑风暴。假如这次的主题是"人在厕所中可能遇到的问题"。下一次主题可以是"根据人在厕所中可能遇到的问题，我们可以设计什么样的产品？"

头脑风暴是在发散思维的基础上，增加了组织者的科学引导，让发散范围可控性增强，从而达到创新的目的。头脑风暴可以让我们收集到问题解决的创意成倍数增加。缺点是对组织者的组织技术和成员能力与综合素质要求较高。

第二节 检核表创新法

改变不一定是创新,但是创新一定存在改变。所以可以围绕着"怎样改变"探索创新的可能性。但是我们应该怎样去改变,应该改变什么,应该往哪方面去改变呢?创新检核表法给创新提供了更有效思路。比起天马行空式的随机联想,其方向性更强、目标性更明确、成功的概率更大。现在比较流行的检核表主要有:奥斯本检核表与和田十二法检核表。本节最后还给大家介绍了一个非常适合日常生活应用的检核表创新法:四问检核创新法。

奥斯本检核表法

奥斯本检核表法由美国创新技法和创新过程之父亚历克斯·奥斯本于1941年提出,也叫创新九问。

围绕以下九个方面的问题,我们可以对希望改变的物品进行发散思维。我们可以把奥斯本检核表(见下表)做成思维导图模板,需要的时候结合模板思考和填写,如下图。

奥斯本检核表	
检核内容	详细检核内容
能否他用	有无新的用途？是否有新的使用方式？可否改变现有的使用方式
能否借鉴	能否借用或模仿现有的产品或模式？能否引入其他产品的局部功能
能否改变	可否改变功能、颜色、形状、运动、气味、音响、外形、外观？是否还有其他改变的可能性
能否扩大	可否增加些什么？可否附加些什么？可否增加使用时间、频率、尺寸、强度、性能？可否增加新成分、新功能
能否减少	可否减少些什么？可否密集、压缩、浓缩、聚束？可否微型化？可否缩短、变窄、去掉、分割、减轻
能否替代	可否替代？用什么替代？有无其他排列、成分、材料、过程
能否调整	可否变换？有无互换的成分？可否变换模式、布置顺序、操作工序、因果关系、速度或频率、工作规范
能否颠倒	可否颠倒？可否颠倒正负、里外、头尾、上下、位置等
能否组合	可否重新组合？能否进行原理组合、材料组合、部件组合、形状组合、功能组合、目的组合等

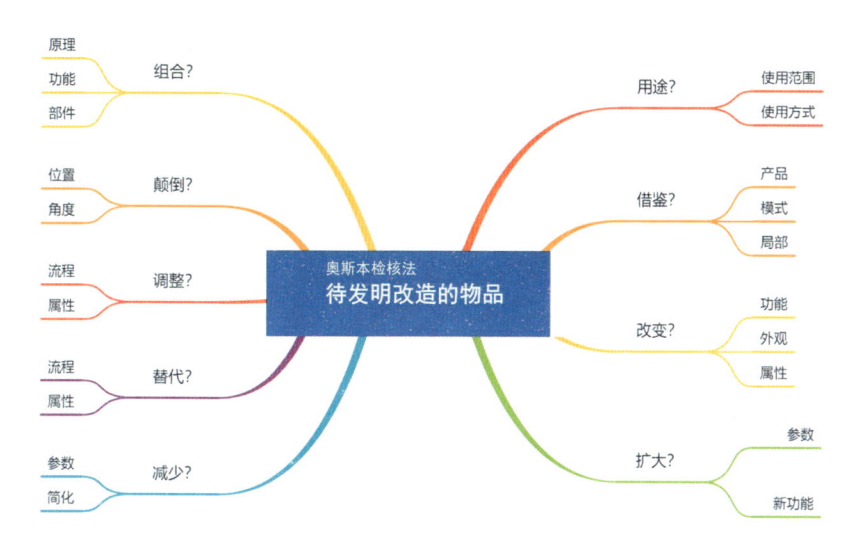

奥斯本检核法思维导图

- 组合？— 原理 / 功能 / 部件
- 颠倒？— 位置 / 角度
- 调整？— 流程 / 属性
- 替代？— 流程 / 属性
- 减少？— 参数 / 简化
- 用途？— 使用范围 / 使用方式
- 借鉴？— 产品 / 模式 / 局部
- 改变？— 功能 / 外观 / 属性
- 扩大？— 参数 / 新功能

中心主题：奥斯本检核法 待发明改造的物品

围绕待发明改造的物品思考

和田检核十二法

和田检核十二法是我国学者许立言、张福奎在奥斯本检核表的基础上，结合我国青少年小发明、小改革的特点提炼出来的创新技法，原名叫"十二个聪明的办法"。由于当时首先在上海市和田路小学进行实践运用，故称和田检核十二法。

和田检核十二法比起奥斯本检核表法而言，思考分类更加细化。而且由于和田检核十二法检核表（见下表）最初是为孩子设计的，表达上"简单好懂""顺口易记"，它具体由十二个维度组成。

和田检核十二法检核表

检核内容	详细检核内容
加一加	加高、加厚、加多、组合等
减一减	减轻、减少、省略等
扩一扩	放大、扩大、提高功效等
缩一缩	压缩、缩小、微型化
变一变	变形状、颜色、气味、音响、次序等
改一改	改缺点、改不便、改不足之处
联一联	把一个物品的功能用在另一物品上，让两个物品发生联系
学一学	模仿形状、结构、方法，学习先进
代一代	用别的材料、别的方法代替
搬一搬	把物品搬到别的地方，用在别的领域，寻找新用途等
反一反	逆向思考，把一种东西的正反、上下、左右、前后、横竖、里外等颠倒一下
定一定	定界限、定标准，提高工作效率

1. 加一加

从添加、增加、附加等角度考虑。

自我提问：

可在这件物品上添加些什么吗？

把这件东西跟其他东西组合在一起，会有什么结果？

案例：

为吊扇增加一盏灯，就成了灯扇；

衣服加裙子，就成了连衣裙；

单车加上租借功能，就有了共享单车。

2. 减一减

从删除、减少、减小、拆散、去掉等角度考虑。

自我提问：

可以去掉些什么吗？

可以省略、取消什么吗？

案例：

风扇减掉风叶，就有了无叶风扇；

耳机减掉线，就有了蓝牙耳机；

手机减掉键盘，就有了全屏手机。

3. 扩一扩

从加大、扩充、延长、放大等角度考虑。

自我提问：

能将物品某些功能或属性放大吗？

能对物品扩展某一部分吗？

案例：

普通雨伞放大后，有了沙滩遮阳伞；

手机字体放大后，有了老人机；

笔和纸放大后，有了白板和黑板。

4. 缩一缩

从改小、缩短、缩小等角度考虑。

自我提问：

能让整体都压缩、缩小吗？

能让局部都压缩、缩小吗？

案例：

将大型电子管缩小，有了小的晶体管；

饼干压缩后，有了压缩饼干；

教鞭压缩后，有了拉杆式教鞭；

雨伞压缩后，有了折叠伞。

5. 变一变

从改变形状、颜色、音响、味道、顺序等角度考虑。

自我提问：

可以改变一下形状、颜色、成分、材料等属性吗？

可以改变一下顺序吗？

案例：

U 盘改一下外观，就有了卡通 U 盘；

颜料改变一下成分，就有了防水涂料；

眼镜改变一下金属成分，就有了记忆眼镜。

6. 改一改

与"变一变"相似，对原有的物品进行修改，使它变得更方便、更合理、更新颖。

自我提问：

存在什么缺点？

还有什么不足之处，需要加以改进吗？

它在使用时，是不是给人们带来不便和麻烦？

有解决这些问题的办法吗？

案例：

普通铅笔需要削笔，很麻烦，有人发明了自动铅笔；

下雨的时候开车看不清路，有人发明了雨刷；

饮料大多是玻璃瓶装，运输、保管和使用都不方便，后来厂家使用塑料、纸制软包装。

7. 联一联

把一个物品的功能用在另一物品上，让两个物品发生联系，从而创造性解决问题。

自我提问：

它能与什么物品联系在一起呢？

它需要什么功能，而我又可以在哪些物品中找到？

案例：

脚踏自行车与马达转动功能联系在一起，发明了电动自行车；

碗筷细菌与紫外线能消毒的功能联系在一些，发明了消毒碗柜。

8. 学一学

学一学其他东西的做法，模仿其他东西的形状、结构、原理等。

自我提问：

有什么东西可以让自己模仿、学习吗？

它的形状、结构还是什么可以让我学习？

案例：

模仿海豚皮肤的特殊结构制成鱼雷的外壳，在航行中将阻力减到最小；

模仿蛇的嘴巴能张大到超过它自己的头的特征，发明蛇口形晒衣夹；

模仿蝙蝠发出的超声波，发明了雷达。

9. 代一代

用一种物品(材料、零件、方法等)代替另一种物品。

自我提问：

有什么物品能代替另一样物品吗？

局部进行替换可以吗？

案例：

用激光这把纤细的"手术刀"代替原来的金属手术刀，有了近视矫正手术。

10. 搬一搬

把一个物品搬到别的地方，将新物品迁移到别的领域，寻找新用途等。

自我提问：

能否迁移到别的地方，还能有别的用处吗？

哪些部分可以迁移呢？

可以把这个想法、道理或技术搬到其他地方吗？

案例：

将医学的 CT 技术移植运用到地下探矿中。

11. 反一反

反一反就是逆向思考，例如将一种物品的正反、上下、左右、前后、横竖、里外等颠倒一下。

自我提问：

在它相反对立的角度，能看到什么？

里面主要都有谁？能不能调换？

案例：

衣服可以设计成正反穿的；

磁生电发明发电机，后来发现电生磁发明电动机。

12. 定一定

为了解决某一问题或改造某件东西，为了提高学习、工作效率和防止可能发生的事故或疏漏等，需要做出的一些规定。

自我提问：

要达到某种效果需要什么前提条件吗？

案例：

刻度、温度、举手、交通规则等都是为达到某一目的设定的规定。

我们可以把和田检核十二法检核表做成思维导图模板，需要的时候填写就可以。在中心主题中写上你希望改变的物品，按模板思考，见下图。

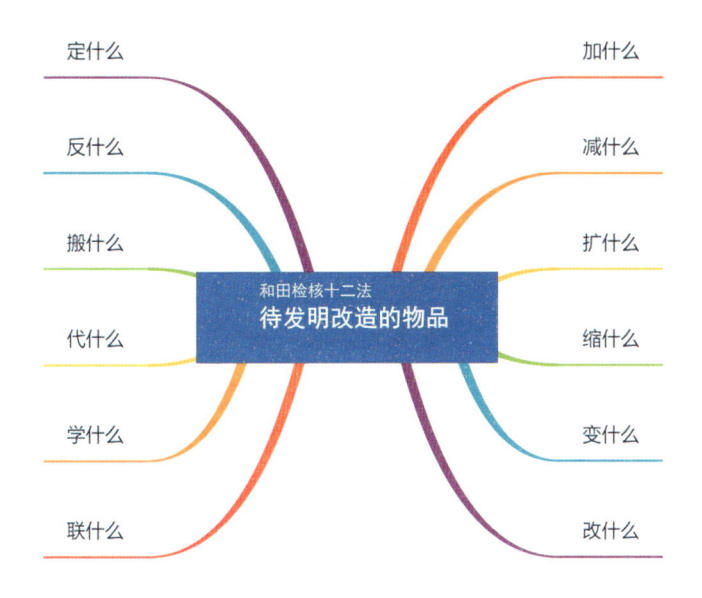

```
定什么              加什么
反什么              减什么
搬什么              扩什么
       和田检核十二法
       待发明改造的物品
代什么              缩什么
学什么              变什么
联什么              改什么
```

奥斯本检核表法与和田检核十二法的优缺点

从纯粹的发散思维角度，这两种方法对于上一节的发散思维来说，又再缩小了"天马行空"的范围。它们都为"改变"确定几个大方向，在这几个方向下做发散思考，比起纯粹的发散思维找到创意点子概率要高一些。我们也可以结合上一节的头脑风暴，增加思考结果，从而再次提高创意的可能性。

从创新效果的角度，这两种方法依然存在不足，因为它们忽略了系统的复杂性（系统思维）。虽然检核表已经把发散思维的范围缩小，但是依然有无数种情况。最后得出来的结果肯定改变了，也可能是一种创意，但是未必是创新。创意可以是天马行空的想法，而创新则是一种可以执行的有效的创意，它们的前提都是改变（如下图）。

改变　创意　创新

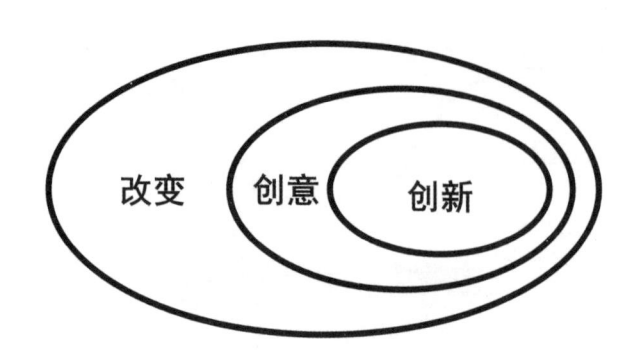

事实上,很多伟大的创新,在成果出来之后,我们去推理它的发明过程,会觉得很简单。

这就像有人让你找一个宝藏,却不告诉你宝藏在哪里一样。你在整个城市里找了很多年,终于找到了宝藏,发现宝藏原来就在你家院子的大树下方。

很多人会据此得出一个简单的结论:找宝藏的时候,一定要先把自己院子找一遍!用认知模型观点来解释,就是"脑补"。我们大脑用已知的结果自动解释了这个过程。

以上两种检核表法能够辅助我们想到更多的创意去解决问题。

它们的缺点是缺乏针对性和目标性,不适合复杂问题的解决。

四问检核创新法

奥斯本检核表法与和田检核十二法虽然好用,但是它们在实际应用中也存在很多的局限性。

(1)不管是9问还是12问,如果在日常生活中使用,的确有点烦琐

也不好记忆;

(2)对于一些简单的问题,像"加一加""扩一扩",会出现想法重复;

(3)主要应用场合局限于物品发明创新。

根据这些问题,我对两种检核表做了改进,形成了一个多功能的简化检核表,我称之为四问检核创新法(如下图)。

简化核验表	详细检核内容
增加	加高、加厚、加多、组合等
	放大、扩大、提高功效等
	把一个事物搬到别的地方,将新事物迁移到别的领域,寻找新用途等
减少	减轻、减少、省略等
	压缩、缩小、微型化
联系	把一个事物的功能,用在另一事物上,让两个事物发生联系
	模仿形状、结构、方法,学习先进
	用别的材料代替,用别的方法代替
调整	定个界限、标准,能提高工效效率
	变形状、颜色、其为、音响、次序等
	改缺点、改不便、改不足之处
	反一反就是逆向思考。把一种东西或事物的正反、上下、左右、前后、横竖、里外等颠倒一下

四问检核创新法

四问检核创新法顾名思义,由四个问题组成的,他们分别是:(问)增加、(问)减少、(问)联系、(问)调整。四问具体含义如下:

(1)增加什么?

找到那些可以增加数量、程度等的要素。例如功能、使用范围、功效、环节等。

(2)减少什么?

与增加类似。

(3)与什么联系?

跳出事物本身,找到那些可能让事物发生改变(有联系)的其他事物。

联系两种情况:组合在一起(全部采用)、值得借鉴(局部采用)。

(4)哪里可以调整?

是指那些可以更换、调整的要素。例如位置、顺序、颜色、形状等。

四问检核创新法结合思维导图一起使用,可以大大简化记忆和使用的难度,非常方便实用。而且它的使用范围有极大的扩展,在进行物品创新、项目创新、问题解决、时间管理、个人计划等思考时都可以应用,让你的创新思考更加全面。

四问检核创新法的使用

第一步:列要素(是什么)。

(1)写下你要思考的中心主题。

中心主题有两种,一种是你没有明确目标。你希望对某事物做创新思考,但是并没有思路，不知道应该从哪方面创新。例如目前糟糕的工作状态、现有的不满意的产品、新屋装修等。

另一种是已经有明确目标。例如你想练出八块腹肌、领导要求增加产品耐用性等。

（2）自答四问。

思考：增加什么？减少什么？可与什么联系？哪里调整？并在思维导图下级写上其相关的要素（下图）。通过发散思维尽可能多地列举出来相关的内容。

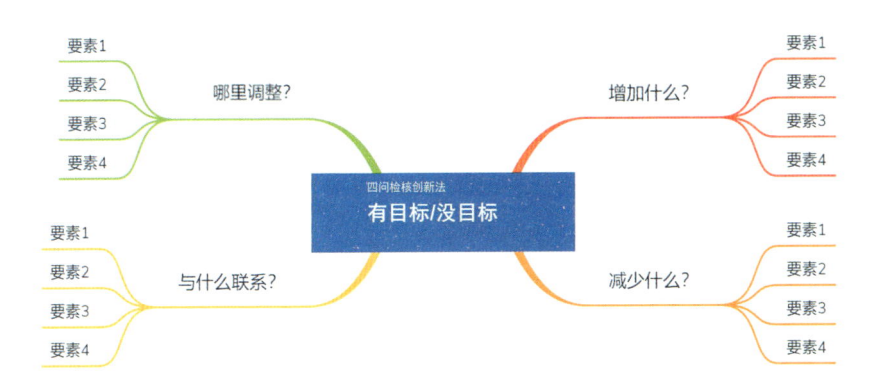

```
要素1                                            要素1
要素2    哪里调整？            增加什么？         要素2
要素3                                            要素3
要素4                                            要素4
                  四问检核创新法
                   有目标/没目标
要素1                                            要素1
要素2    与什么联系？          减少什么？         要素2
要素3                                            要素3
要素4                                            要素4
```

第二步：写方案（怎么样）。

细化在第一步中列出的要素，并写出具体方案。

一页纸唤醒学习力

```
方案1 ─┐                                           ┌─ 方案1
       ├ 要素1 ─┐                         ┌─ 要素1 ─┤
方案2 ─┘        │                         │         └─ 方案2
方案1 ─┐        │                         │         ┌─ 方案1
       ├ 要素2 ─┼─ 哪里调整?    增加什么? ─┼─ 要素2 ─┤
方案2 ─┘        │                         │         └─ 方案2
方案1 ─┐        │                         │         ┌─ 方案1
       ├ 要素3 ─┘                         └─ 要素3 ─┤
方案2 ─┘                                             └─ 方案2

                   ┌─────────────────────┐
                   │  四问检核创新法      │
                   │  有目标/没目标       │
                   └─────────────────────┘

方案1 ─┐                                           ┌─ 方案1
       ├ 要素1 ─┐                         ┌─ 要素1 ─┤
方案2 ─┘        │                         │         └─ 方案2
方案1 ─┐        │                         │         ┌─ 方案1
       ├ 要素2 ─┼─ 与什么联系?  减少什么? ─┼─ 要素2 ─┤
方案2 ─┘        │                         │         └─ 方案2
方案1 ─┐        │                         │         ┌─ 方案1
       ├ 要素3 ─┘                         └─ 要素3 ─┤
方案2 ─┘                                             └─ 方案2
```

最后，绘出思维导图，确定最终方案。

案例一：实物创作（无目标）。

如果你是共享单车厂商，面对竞争激烈的共享单车市场，希望对自己的共享单车进行创新，但是目前没有具体目标，也没有思路。

第一步：自答四问，列出相关要素。

第八章 从本质中挖掘出的创新力

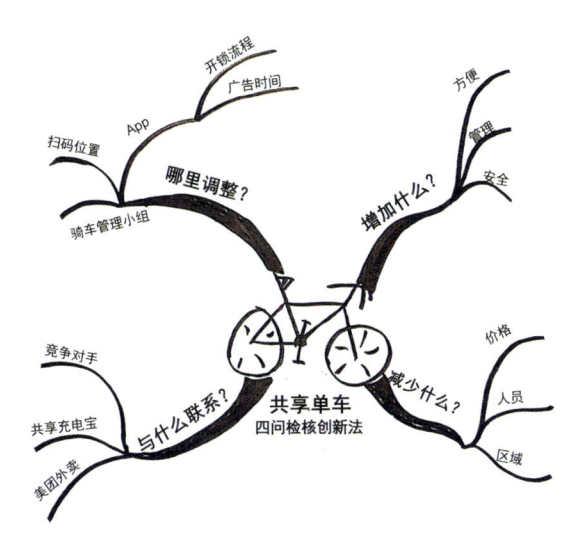

第二步：写出方案。

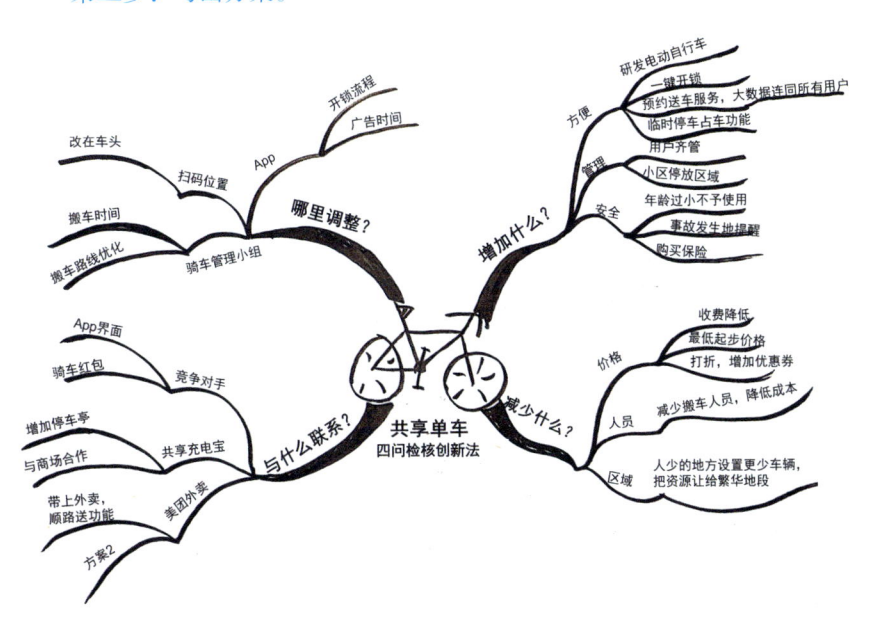

209

案例二：物品创新（已有目标）。

目标明确，希望制作一个倒啤酒没气泡的啤酒杯。

第一步：自答四问，列出相关要素。

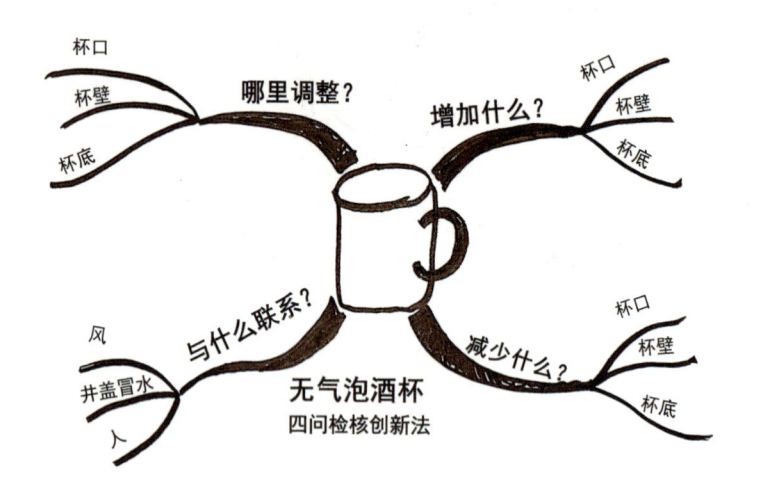

哪里调整？
- 杯口
- 杯壁
- 杯底

增加什么？
- 杯口
- 杯壁
- 杯底

与什么联系？
- 风
- 井盖冒水
- 人

减少什么？
- 杯口
- 杯壁
- 杯底

无气泡酒杯
四问检核创新法

第二步：写出具体方案（想不到的要素可以留空）。

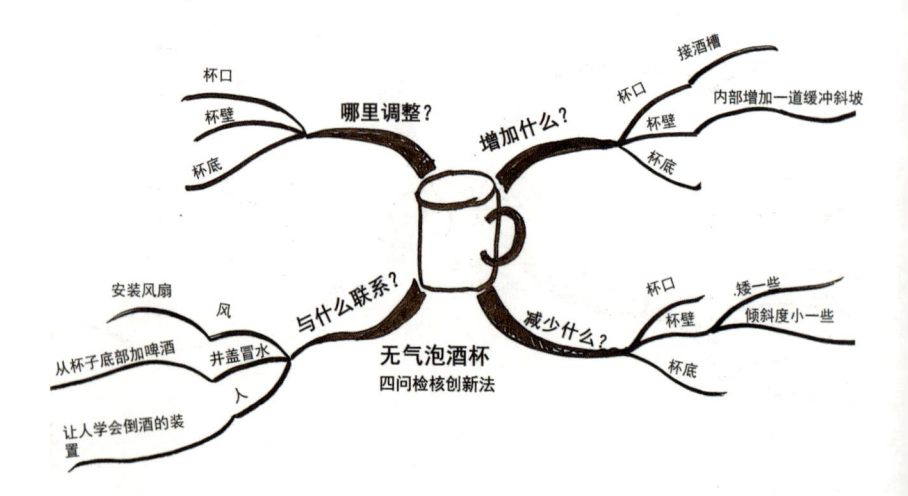

哪里调整？
- 杯口
- 杯壁
- 杯底

增加什么？
- 杯口：接酒槽
- 杯壁：内部增加一道缓冲斜坡
- 杯底

与什么联系？
- 风：安装风扇
- 井盖冒水：从杯子底部加啤酒
- 人：让人学会倒酒的装置

减少什么？
- 杯口
- 杯壁：矮一些，倾斜度小一些
- 杯底

无气泡酒杯
四问检核创新法

第八章 从本质中挖掘出的创新力

案例三：个人成长计划（未知目标）。

第一步：自答四问，列出相关要素。

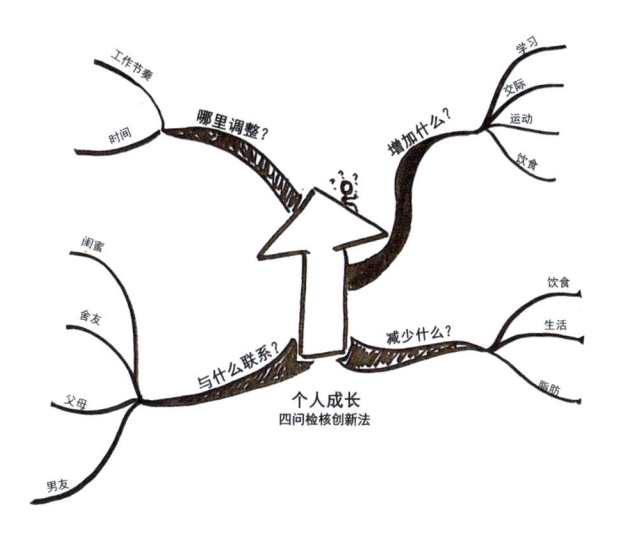

第二步：写出具体方案。

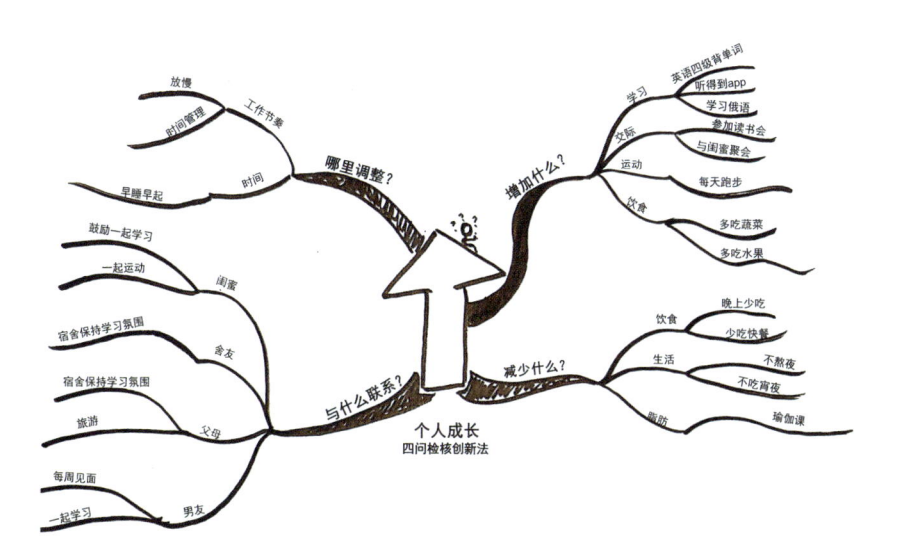

用四问创新检核法找到方案之后，你也可以根据你的内容，重选维度，重新梳理成一张新的思维导图。例如按照时间角度、事情重要性角度等。

案例四：个人考试计划（已知目标）。

思考为通过英语四级考试需要做哪些准备。

第一步：自答四问，列出相关要素。

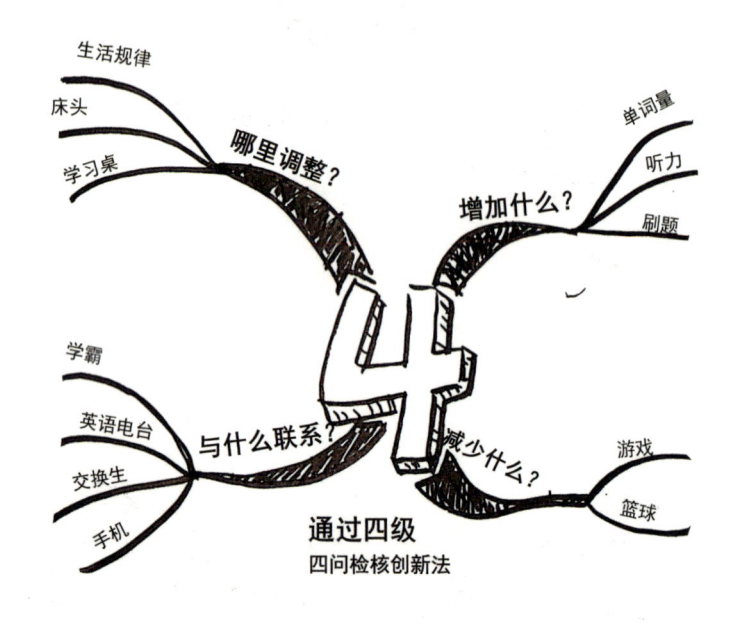

哪里调整？
- 生活规律
- 床头
- 学习桌

增加什么？
- 单词量
- 听力
- 刷题

与什么联系？
- 学霸
- 英语电台
- 交换生
- 手机

减少什么？
- 游戏
- 篮球

通过四级
四问检核创新法

第二步：写出具体方案。

第八章 从本质中挖掘出的创新力

哪里调整？
- 早睡早起 — 生活规律
- 贴当天的单词 — 床头
- 布置好，换上英语单词 — 学习桌

增加什么？
- 记忆大量单词 — 单词量
- 每天都安排时间
- 每日必听 — 听力
- 阅读理解
- 写作练习 — 刷题

与什么联系？
- 跟宿舍学霸自习 — 学霸
- 全部新闻换成英语的 — 英语电台
- 加微信交流学英语 — 交换生
- 把手机语言换成英语 — 手机

减少什么？
- 禁止任何游戏 — 游戏
- 禁止 — 篮球

通过四级 — 四问检核创新法

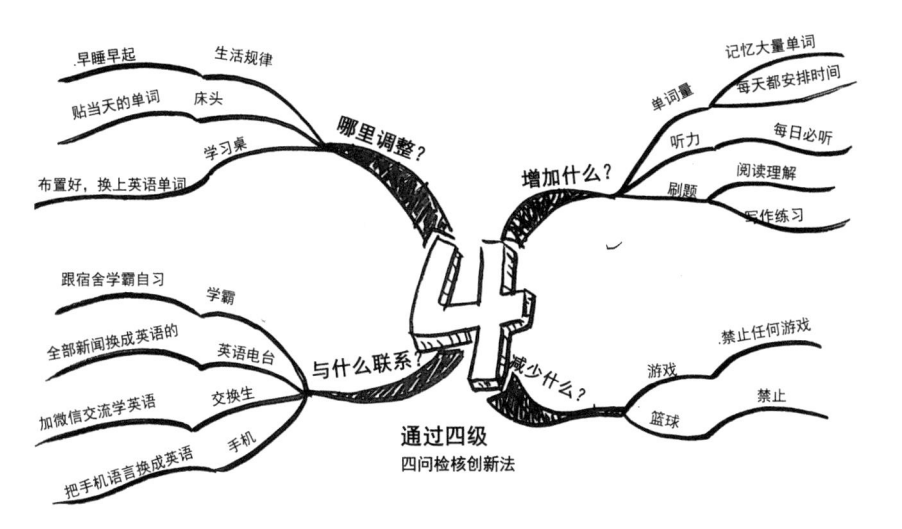

四问创新检核法的优点是维度少，方便记忆，随时随地都可以使用。而且不限内容，任何希望改变的事物都可以使用四问创新检核法来创新改造。

结束语

学习是一件终身大事,我们虽然不能把世界上所有的知识都学会,但是我们却可以掌握一种学习的方法,在你需要某些知识的时候可以快速学习和掌握。虽然知识是无限的,但是学习知识的方法却是有限的。

本书希望帮助大家构建起自己的知识矩阵。每次学习知识的输入,都是对本书的学习体系的强化和泛化。如此循环,你的学习力也会变得越来越强。

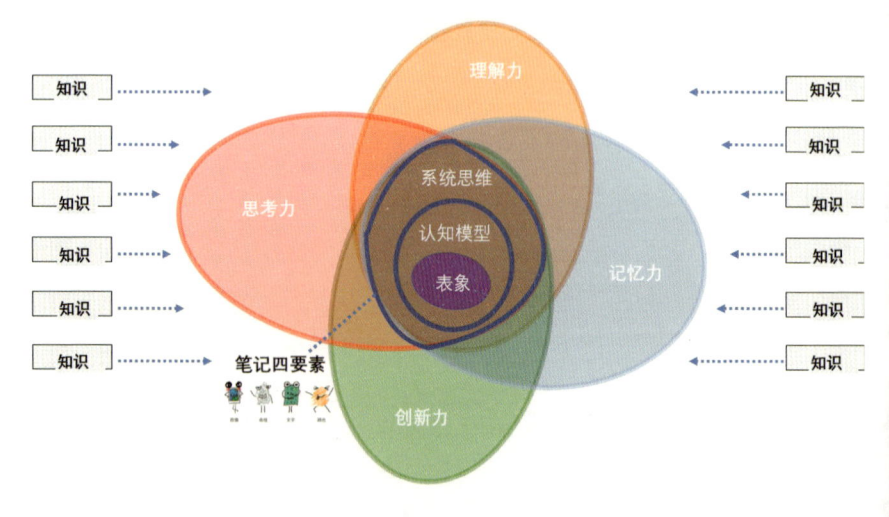

知识矩阵与学习力

希望从此以后,学习能成为一件激发你好奇心、有趣的事!